AF441903

*Los temas más controvertidos de la
investigación científica contemporánea para
quienes deseen emprender un fascinante
Viaje al Centro de la Ciencia.*

c o l e c c i ó n
VIAJE AL CENTRO DE LA CIENCIA

ADN
Editores, S.A. de C.V.

Colección dirigida por
Juan Tonda

Diseño: Arroyo + Cerda
Ilustración de portada y portadilla: Gerardo Gómez
Ilustraciones interiores: Myriam Núñez

Primera edición, 2002
Primera reimpresión, 2006
Segunda reimpresión, 2021

© ADN Editores, S.A. de C.V.
Estrella del Sur 150, Col. Rancho Tetela,62160
Cuernavaca,
Morelos, México
juantonda54@gmail.com
Tel. (52) 5554006326

La primera edición se coeditó con la Dirección
General de Publicaciones del Consejo
Nacional para la Cultura y las Artes

ISBN 978-968-6849-45-9

Jaime Padilla Acero
y Agustín López-Munguía Canales

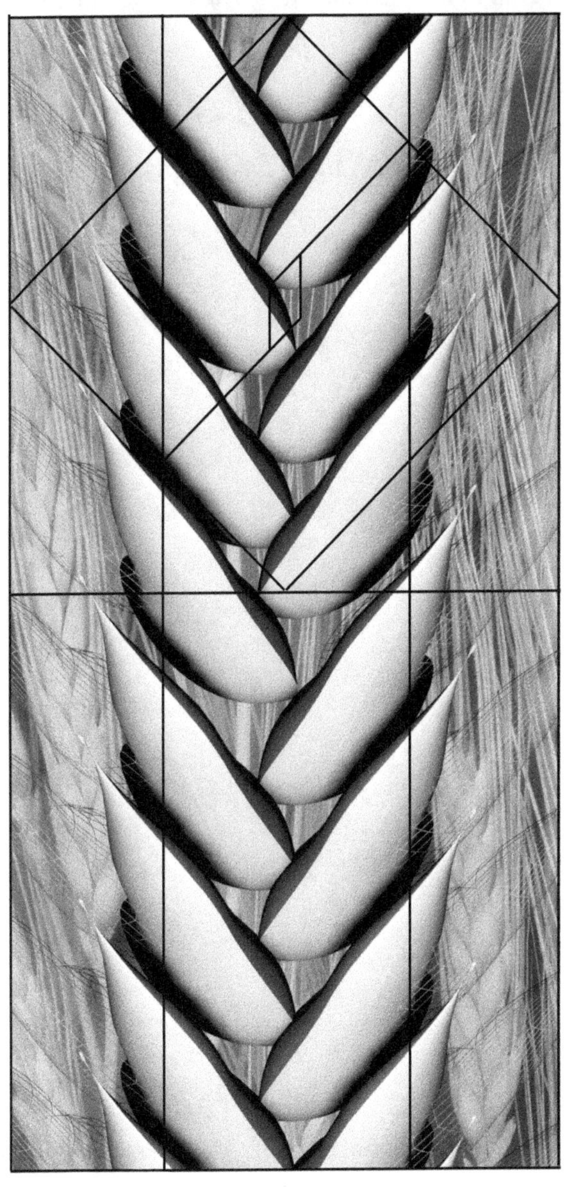

Alimentos transgénicos

A Ana Emilia, Enrique José, Natalia Isabel y Dalia.
Jaime

A Elisa, Lupe y Pablo Agustín.
Agustín

Los autores agradecen la valiosa participación y comentarios de Juana Kuri, Jalil Saab, Federico Sánchez, Miguel Lara, Alejandra Covarrubias, Enrique Galindo, Jorge Nieto, Alejandra Bravo y Miguel Ángel Cevallos.

Índice

1. Análisis de riesgos   11
Donde se analizan los riesgos que conlleva toda actividad humana, en particular los de aplicar la biotecnología y los de escribir libros al respecto.

2. El principio   23
Alegoría ecléctica sobre el surgimiento de la agricultura y las modificaciones genéticas en la naturaleza.

3. Alimentos de siempre   31
Sobre el procesado biotecnológico de los alimentos tradicionales: cerveza, pan, yogurt. Los microbios, sus aspectos económicos y de seguridad alimentaria.

4. *Zea mays*   41
Comentarios e interpretaciones sobre el origen y el destino del maíz en México, a través de las leyendas prehispánicas y de una visión sobre su papel en nuestra alimentación.

5. Jitomates amarillos   51
Sobre la percepción pública de los productos de la biotecnología, su evaluación sanitaria y la solución de problemas de producción primaria.

6. Soy bean   67
Intercambio de ideas en torno al potencial de la soya en la alimentación humana y animal, y de las ventajas y riesgos de la biotecnología en la producción de soya y derivados, en Estados Unidos y en México.

7. Mac Pérez y la comida rápida   81
Sobre algunas consecuencias de la desinformación, de los excesos en la alimentación y de la búsqueda de la productividad a toda costa.

8. El desayunador solitario — 91

Sobre criterios y posturas en torno a la regulación y el etiquetado de alimentos en lo general, y especialmente en aquellos modificados genéticamente.

9. Ahí viene la plaga — 101

Sobre la introducción de cultivos transgénicos resistentes a insectos y su impacto económico, ambiental y social.

10. Monarca — 111

Donde se relata la larga travesía de las mariposas monarca y su encuentro con los transgénicos y con los ambientalistas.

11. La granja de los animales — 119

Sobre el impacto de la biotecnología y de los derivados naturales y sintéticos en la producción y transformación de alimentos de origen animal.

12. Los tiempos del taco — 129

Sobre la evolución de la tecnología del maíz, desde la nixtamalización hasta los cultivos transgénicos asociados a los tacos.

13. Terapia génica — 139

Aclaraciones pertinentes sobre las posibles consecuencias de los alimentos transgénicos en el organismo humano y en la nutrición.

14. La bioindustria y el periférico — 149

Donde se plantea, desde un mundo embotellado, el impacto de la biotecnología en la construcción de una agroindustria sustentable.

15. Propiedad privada — 159

Sobre la propiedad intelectual y sus consecuencias más extremas; sobre la necesidad de una política nacional al respecto y de una responsabilidad en la divulgación de la información.

16. El pueblo de canola   171

Sobre las estrategias para el diseño de una planta modificada genéticamente y sus consecuencias en la nutrición y el medio ambiente.

17. Reivindicando a Frankenstein   181

Sobre los elementos básicos para la construcción de plantas transgénicas y sobre por qué el término Frankenstein es inadecuado para referirse a ellas.

18. Epílogo   195

Conclusiones sobre la agricultura, la biotecnología y los alimentos transgénicos como asuntos globales, tanto en el tiempo como en el espacio.

Glosario   209

Lecturas recomendadas   213

1

Análisis de riesgos

El mayor riesgo en la vida es no arriesgar nada.
Los que hace 100 mil años salieron del África

La escena se desarrolla en la mesa de trabajo de los autores. Llevan horas discutiendo sobre la posibilidad de escribir un libro; sobre su temática y la forma de abordar los problemas con un tratamiento ágil y balanceado, pero inevitablemente polémico. Aunque el autor uno (**A1**) y el autor dos (**A2**) comparten muchos puntos de vista, difieren en algunos temas y posturas. Un alumno y futuro lector (**L**) los interrumpe y se incorpora al diálogo.

A1: La verdad, A2, no sé cómo aceptamos este encargo. Es demasiado… riesgoso.

A2: Pues sí, pero alguien tiene que hablar de los riesgos de los OMG (organismos modificados genéticamente). Ya ves, no hay declaraciones o reportajes en los que no se perciban dudas y desinformación. Unos no hablan sino de sus ventajas y su gran potencial, en tanto que otros ven el futuro negro: todo es muy peligroso para la salud y el medio ambiente. Mientras que, para unos, el mundo "ya la hizo" con la llegada de los transgénicos, para otros, ya estaba esto escrito en el *Apocalipsis*. Habría que hacer un esfuerzo por poner las cosas un poco más en contexto, ¿no crees?

L: Profesor A1, aprovechando que está aquí el profesor A2, ¿por qué no le comenta del correo electrónico que nos llegó hoy a todos y nos dice qué piensa de incluirlo en su libro?

A2: ¿Qué llegó ahora?, ¿pornografía?

A1: Peor que eso. Ya ves que ahora el exceso de comunicación parece volverse en nuestra contra, y la gente se dedica a exacerbar esa explosiva combinación de miedo con ignorancia. Y si esa noticia ha pegado en esta comunidad, ahora imagínate lo que no estará sucediendo en oficinas, talleres y cientos de hogares en donde esto se lea.

A2: Ya sé, ¿es lo de las vacas del McDonalds, lo del Aspartamo, o lo de los transplantes de riñón clandestinos?

A1: Nada de eso; chécalo, pues yo no lo había visto antes.

El autor uno pasa al autor dos la hoja impresa que el futuro lector lleva entre las manos. Éste lee cuidadosamente con una sonrisa dibujada en el rostro, que se va haciendo más intensa conforme avanza en la lectura.

PEPSI LIMÓN

Una persona que trabaja en Pepsicola Mexicana (filial de Pepsico Inc.) mencionó lo siguiente: debido a que el líquido especial sabor limón de este refresco debe permanecer almacenado en enormes depósitos antes de ser envasado, utilizan una sustancia conservadora conocida como fenil-tratopolomina compuesta, misma que al contacto con el agua carbonatada (H_2OC), entre otras sustancias como Cl, NO_3, Na^+, Mg^{++}, K^+, produce un potente veneno debido a la cantidad de radicales libres que quedan esparcidos en los núcleos de los polos negativos de los ánodos de sulfuro. Este potente veneno es de toxicidad +5, como el que caracteriza a las hormigas sibaritas que son peligrosos insectos de la selva del Amazonas. Los efectos no son percibidos enseguida, es como el cianuro (el asesino silencioso), que se va alojando en la sangre y se va esparciendo por todo el organismo hasta que produce un estado de choque, que afectando el sistema nervioso central llega a producir coma por muerte cerebral. Es importante que evites la ingestión de esta bebida, ya que si es combinada con alcohol, su efecto se acelera al 100%. Ten mucho cuidado, ya que se han reportado 300 muertes en tan sólo dos semanas que ha salido al mercado, entre otros tantos cientos de personas que han quedado en estado autista por haberla probado al estar lanzando la promoción al mercado. Por favor, envía este mail a quien crees que le puedas salvar la vida.

A2: ¡Qué cantidad de sandeces! ¿A quién se le puede ocurrir tanta estupidez? Es como si Cantinflas hubiera discutido de química combinando términos como "núcleos", "polos negativos", "ánodo", "radicales libres", todos ellos con un significado específico, pero armados sin sentido, con la única intención de asustar a ingenuos que, además, no saben o han olvidado la química. Ya parece que hoy, que nos enteramos de todo, 300 muertes pueden pasar inadvertidas y requieren un correo electrónico para informarnos.

A1: Pues sí, estoy de acuerdo contigo. Pero el correo viene precedido de docenas y docenas de direcciones por las que ha pasado, siempre con un comentario del remitente señalando algo así como: "Aquí les mando esto por si acaso", o "Está medio raro esto, pero se los mando pues más vale estar alerta".

A2: ¿Y por qué crees que este comentario debe ir en el libro sobre alimentos?

A1: Para que la gente caiga en la cuenta de que por todos lados está siendo bombardeada con información que no siempre es fidedigna, y que llegó la hora de asumir un espíritu crítico ante todo lo que oye, ve y lee, o bien de vivir espantado y no salir de casa.

L: Perdón que interrumpa, maestro, pero aunque la información sea fidedigna, la gente de todos modos se asusta o la malinterpreta. Ya ve lo que pasó con Vanesa Sánchez y Mónica Olivares que, desde que se enteraron de que el chocolate contiene *anandamida* (un análogo de los canabinoides, compuestos activos de la mariguana), una no quiere volver a probarlos, y la otra, no sólo no deja de comerlos, sino que además les mete pedacitos de chocolate a sus cigarros.

A2: Tiene razón L, deberíamos entonces empezar el texto haciendo un recuento de todas las ventajas de los alimentos modificados genéticamente, seguido de todos los riesgos y después los balanceamos para ver de qué lado se inclina la balanza.

A1: No creo que vaya por ahí. Recuerda que una de las cosas en las que estamos de acuerdo es en que eso de hablar de "los alimentos transgénicos" como un todo, es un error —igual que embarcarse en escribir un libro como éste—. Lo ideal sería analizar caso por caso, ya que la gran mayoría de los productos agrícolas que llegan a nuestra mesa han sido o pueden ser "genéticamente modificados". Cada nuevo producto es el resultado de una interacción de uno o varios *transgenes* con la especie receptora y debe ser analizada con cuidado. Su utilidad o justificación se refiere exclusivamente a la combinación particular de uno o varios genes, con un organismo, en un ambiente dado. De hecho, con este enfoque procedió desde 1992 la primera Comisión Mexicana sobre Bioseguridad Agrícola, que asesoraba a la Secretaría de Agricultura (la actual Secretaría de Agricultura, Ganadería, Desarrollo Rural, Pesca y Alimentación), y así lo hace la actual

Cibiogem (Comisión Intersecretarial de Bioseguridad y Organismos Genéticamente Modificados).

A2: Está bien, está bien. Trataremos de no hacer generalizaciones como las que tantas veces hemos criticado. Si el queso es seguro, pues que la gente sepa que es seguro, aunque se mueran una docena de infelices paisanos porque un desalmado se los vendió descompuesto. Nadie cuestiona ya la seguridad inherente al queso, aunque siempre hay un riesgo al comerlo.

A1: Ándale, por ahí debe ir el planteamiento. Para eso están las instancias que velan por la inocuidad de los alimentos y, desde luego, la propia comunidad científica que los vigila de cerca. La industria deberá atenerse a los reglamentos, pero no hay que olvidar tampoco que cada producto está rodeado de competidores que desearían ponerle piedritas en el camino.

A2: Sí, y además están todos esos comités de la Organización Mundial de la Salud y de la FAO, que emiten constantemente recomendaciones y normas al respecto.

A1: Lo que debemos dejar muy claro, entonces, es que no es lo mismo hablar de peligros, que de riesgos.

L: Perdón que los interrumpa, pero ahora sí ya me perdí. ¿Peligro y riesgo no es lo mismo? Cuando llega uno al borde de un precipicio, de pronto hay un letrero que dice: "Peligro. Pase bajo su propio riesgo", es lo mismo, ¿no?, se podría escribir al revés: "Riesgo. Peligro al pasar".

A1: No, la segunda es incorrecta. Fíjate bien. Para el caso de los alimentos, el peligro es inherente a la toxicidad. El riesgo lo corres tú y depende de muchos factores, como son la dosis del alimento, el tiempo que lleves consumiéndolo, tu susceptibilidad, otros componentes de tu dieta, etcétera. Tu asumes el riesgo cuando decides si lo comes o no, cuánto y con qué frecuencia, de modo que puedes disminuir el riesgo a un nivel mínimo, no preocupante.

A2: Exacto. De manera más específica, todo alimento, de los nuevos o de los de siempre, tiene una determinada toxicidad, es decir, cierto grado de peligrosidad. Por ejemplo, los frijoles, que servían de base para la alimentación de los aztecas, son peligrosos por su contenido de hemaglutininas, glucósido-cianogénicos, inhibidores de proteasas y hasta azúcares no degradables. Algunas de estas sustancias disminuyen o se eliminan con el procesamiento —por lo que hay que estar seguros de que se procesaron bien para evitar los riesgos—, aunque el efecto de otros tóxicos tiene que ver con la dosis. Si se alimentan ratas de laboratorio exclusivamente con frijoles, quedarán en un estado lamentable.

L: Y entonces ¿por qué la gente ni se preocupa por los frijoles?

A1: Porque constantemente se insiste en la importancia de una dieta balanceada y variada —no sólo de frijol vive el hombre—, y nadie insiste en que si los frijoles tienen esto, o las habas y los garbanzos aquello otro.

A2: En cambio, la prensa sí ha insistido intensa e indistintamente sobre los peligros y los riesgos de los alimentos modificados ge-néticamente, a los que, además, ha bautizado con el fuerte apellido de "transgénicos", tanto así que caricaturistas, editorialistas, locutores de radio y televisión, vaya, hasta académicos de buen nivel, se han encargado de magnificarlos y traerlos constantemente a la atención de la gente, siempre asociados con conceptos que aumentan la impresión, como Frankenstein o las mariposas monarcas destruidas. Así, la gente ahora tiende a evaluar el riesgo con base no sólo en la toxicidad, sino también en el amarillismo.

L: Eso se lo oí al doctor Ariel Álvarez, un científico del Instituto Politécnico Nacional. "El riesgo es la toxicidad multiplicado por la dosis", pero últimamente la prensa lo ha convertido en la toxicidad multiplicada por el amarillismo. Dicho de otra manera, la incertidumbre normal hacia un nuevo producto se pone fuera de contexto si se sazona con desinformación, especulación, protagonismo e insistencia de los medios.

A1: ¿No es un poco severo ese juicio? Yo más bien creo que hay que ser escéptico, pero crítico e informado. El análisis de riesgo es un asunto muy serio en nuestros días.

A2: Así es. Por lo general uno sabe que fumar, tomar un avión, no ponerse el casco de la motocicleta, salir a la calle en la ciudad de México, todo eso tiene un cierto peligro. Uno decide si asume el riesgo o no, pero hasta las compañías de seguros asumen riesgos.

Tabla 1. Análisis de riesgo aplicable en la tecnología médica, los alimentos, la agricultura, el medio ambiente, el transporte y otras actividades humanas.

Evaluación de antecedentes, factores y niveles de riesgo.	*EVALUACIÓN DEL RIESGO*	*Identificación de agentes peligrosos.* *Caracterización de efectos dañinos.* *Posibilidad de exposición.*
Identificación de alternativas de manejo disponibles. Establecimiento de medidas de protección y control.	*MANEJO DEL RIESGO*	*Selección de opciones de acuerdo con estándares de seguridad.* *Decisión final sobre el manejo.* *Establecimiento de controles y reglamentación.*
Incluye el monitoreo, la percepción del riesgo y el establecimiento de confianza.	*COMUNICACIÓN DEL RIESGO*	*Intercambio continuo de información sobre niveles de riesgo.* *Evaluación de la eficiencia de controles y reglamentación.* *Análisis y comparación con nuevos datos.*

Uso seguro bajo regulación

L: Pero bueno, ¿y cómo le van a hacer, qué alimentos van a recomendar y cuáles no?

A1: Pues si alguien espera que recomendemos un alimento, mejor que ni lea el libro.

A2: De acuerdo. Nosotros lo que promovemos es una perspectiva científica para resolver los problemas y dejar de lado posturas ab-solutistas y sensacionalistas. Hay que tratar de resolver los problemas con la mayor dosis de racionalidad y objetividad. O sea, remitirse siempre a pruebas verificables y reproducibles.

L: Pues sí, porque luego los acusan de estar trabajando para las grandes transnacionales.

A1: Ni modo. Si la ciencia demuestra que la soya transgénica es excelente para la salud y no afecta el medio ambiente más que cualquier otra variedad mejorada, habrá que decirlo.

A2: Pero habrá que decir, también, que hay información que nos obliga a ser muy cuidadosos y a evaluar el impacto que puedan tener cultivos específicos en el medio ambiente, en particular, aquellos que son centro de origen, como el maíz en México o la papa en Perú.

A1: Sin que esto se convierta en un tabú, la discusión permitirá otros planteamientos o estrategias para el análisis.

A2: Claro. Independientemente de que el análisis se haga caso por caso, la gente debe estar enterada, por ejemplo, sobre las variedades y cruzas que se han introducido en la agricultura, como el maíz tipo "opaco-2", que tiene alterados los componentes del grano, o bien la "okra", que es un tipo poco conocido de verdura para la ensalada. Que se sepa también que el trigo es el resultado de la combinación de tres genomas completos de otros tantos ancestros, o que el "triticale" se creó mezclando el genoma del centeno y del trigo; es decir que el centeno se "contaminó" con trigo. O que, de buenas a primeras, el país se volvió productor de frutas exóticas con genes nunca antes vistos por aquí, como son las li-chis, el carambolo o el montón de remedios naturistas de hierbas extranjeras que ahora consumimos. ¿Y qué ha pasado?

L: Nada. Pero si, como ustedes dicen, aun los productos obtenidos por medios "convencionales" o más tradicionales también pueden tener riesgos, ¿cómo van a evaluar los productos nuevos?

A1: Pues ésa es la parte complicada pero factible, y por eso me sorprende cada vez que oigo a un ambientalista decir que: "no existen estudios a largo plazo sobre la seguridad de los alimentos transgénicos".

A2: Claro, tampoco los hay de muchos de los alimentos que hoy forman parte de nuestra dieta.

A1: Pero ciertamente nuestras expectativas de vida son bastante mayores que las de nuestros abuelos.

L: Aunque ahora estamos rodeados de obesos.

A2: Espérate, ése es otro problema, que si bien está relacionado con los alimentos, también lo está con el exceso de cierto tipo de ellos, generalmente aquellos con alto contenido de grasa y esto, además, acompañado de un modo de vida bastante sedentario y estresante.

L: Pero, en concreto, si entiendo bien, lo que ellos están sugiriendo es que este asunto de la evaluación de alimentos nuevos es muy complicado. Que habría que hacer pruebas de largo plazo.

A1: Lo que no sólo es complicado sino imposible es asegurar que son 100 por ciento seguros. Por eso primero tenemos que precisar el concepto de riesgo como una situación inevitable, para que la gente no se asuste. Después, plantear cuáles son los posibles riesgos, es decir, las situaciones indeseables que pudieran presentarse concretamente con los alimentos. Pero lo que debe quedar bien claro es que una cosa es la *posibilidad* de que todo esto de la ingeniería genética pueda salir mal, y otra, muy distinta, la *probabilidad* de que eso ocurra.

Además, es necesario, hasta donde sea posible, desmitificar, en unos casos, y puntualizar, en otros, sobre los riesgos evaluados, los efectos demostrables y los inexistentes.

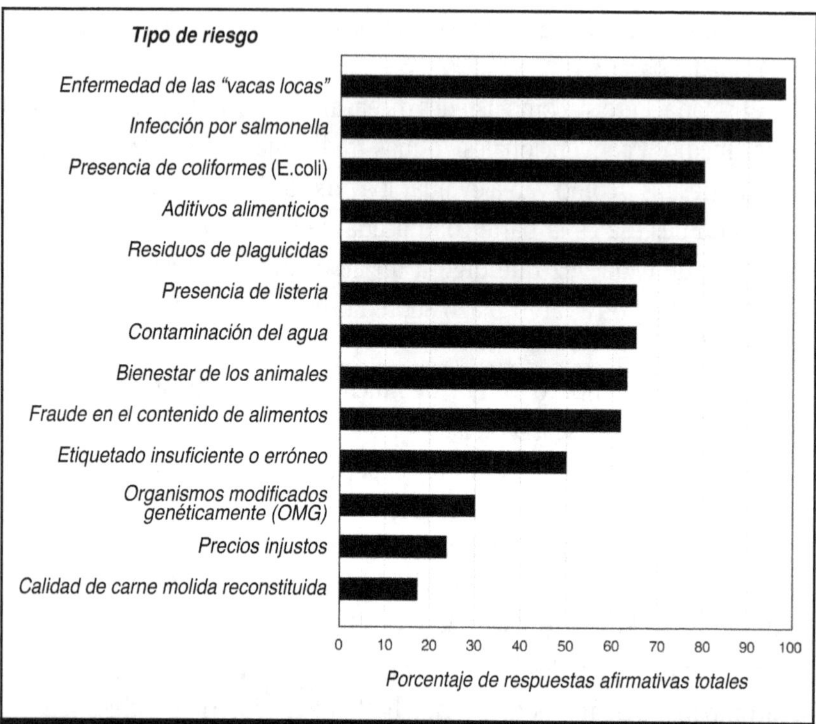

Figura 1. Percepción de riesgos en la alimentación, por una población determinada (Gran Bretaña, 2000). ¿Daría usted las mismas calificaciones a cada uno de los incisos, aun cuando algunos sean riesgos no evaluados en nuestro país?

L: ¿Se refieren a esas supuestas muertes e intoxicaciones masivas que aparecen con frecuencia en la prensa o en los boletines de algunas ONG? También mencionan muy a menudo el problema de las alergias.

A1: Pues sí, como si no supieran que cerca de uno de cada cuatro habitantes del planeta es alérgico a algo, y uno de cada cuarenta lo es a algún alimento. De hecho, los alimentos se clasifican en varios grupos según su grado de alergenicidad, y sin duda tú conoces a alguien que es alérgico al huevo, a los mariscos, al pescado, a los cacahuates, a las nueces o incluso al trigo.

A2: Pero, además, lo que parecen no saber —o ignoran dolosamente— es que cada nueva proteína en un alimento se evalúa con mucho rigor. Si proviene de un alimento de alta alergenicidad, pues es casi un hecho que no se apruebe, como fue el caso de una soya en la que se expresó una proteína con alta metionina (albúmina 2S) de alto valor nutrimental, originaria de la nuez de Brasil. Predeciblemente, ésta también resultó alergénica al probarla en individuos ya alérgicos a la nuez. El resultado del ensayo se difundió y se prohibió su comercialización. Pero aun si el alimento pasa estas pruebas de laboratorio, se efectúan otras que consisten en aplicaciones cutáneas en seres humanos y, finalmente, la más convincente de todas: que no tenga efecto en un grupo de personas que consuma el alimento sin saber si contiene o no la nueva proteína, eliminando así el efecto placebo. En fin, existe todo un arsenal metodológico.

L: ¿Y si la nueva proteína proviene de un organismo que no se come, o de una bacteria, por ejemplo?

A1: Entonces se estudia su estructura y se compara detalladamente con la de más de 300 alergenos que se conocen. En caso de encontrar tan sólo una secuencia de ocho aminoácidos iguales, de los más de 200 que normalmente tienen las proteínas, tampoco pasa la prueba.

L: Y si la pasa, ya se aprueba, ¿no?

A2: No, qué va, si esto es bastante riguroso. Aunque no se parezca a ninguna proteína alergénica, se realizan pruebas de digestión. Y si tal proteína se digiere —digamos que se degrada en aminoácidos simples—, se puede suponer que no causará problemas. Pero si no, se asume que podría haber todavía algún riesgo latente.

A1: Pues ése fue justamente el caso del famoso maíz BT de la variedad "StarLink", que tanto revuelo causó y tan costoso resultó en Estados Unidos por haberse colado a la cadena de alimentos para humanos. La proteína bioinsecticida *Cry9C* se había declarado con "probabilidad alergénica media", pues era un poco resistente a la digestión: se aprobó para animales pero no para humanos. El caso es que los granos del "StarLink" para animales se mezclaron por error —bueno, eso dicen— con los más de cien millones de toneladas de maíz que se manejan en aquel país.

L: ¡Yo leí que el polen era el que había viajado y causado que campos de maíz no transgénico se contaminaran!

A1: Pues aún no se aclara totalmente, pero hay que tener cuidado con lo que lees. No faltan quienes con poca información sacan conclusiones equivocadas, por lo que, en principio, hay que consultar siempre varias fuentes, y optar por las de mayor credibilidad. También hay que usar el sentido común.

A2: Total ¿qué?, ¿empezamos con lo del correo electrónico y la de-sinformación, o le entramos de lleno al tema?

A1: Pues me gusta la idea del correo electrónico, pero no se me ocurre cómo presentarlo. De hecho, toda esta empresa del libro me parece un riesgo, pero ya ves como es Juan, no se le puede decir que no.

L: ¿Y por qué no relatan lo que acabamos de platicar?

A1: Tú no te metas que aquí las ideas originales las aportamos nosotros. Entonces qué, A2, ¿le entramos?, lo peor que puede pasar es que nos tachen de inconsistentes...

A2: Sale, nos vemos mañana en tu oficina.

2

El principio

 En el principio, todo era verde; orgánico. O casi todo. Claro, según de cuál principio estemos hablando. Aquellas moléculas primigenias que habían surgido cuando los dioses ordenaron "¡hágase la vida!" se combinaron de manera extraordinaria para dar lugar a muchas formas de vida, células primitivas que se expandieron, al igual que los propios dioses, por todo el planeta. Y de este hálito de los dioses surgió la segunda orden: "¡engendra algo más grande que tú!". Y entonces los procariotes se asociaron y dieron origen a

23

las células eucariotas, más grandes y complejas, y después éstas se unieron en enormes conjuntos que formaron tejidos y órganos. Así, en acato a la segunda orden aparecieron las plantas y los animales. Unos cuantos millones de años después, durante los cuales no se han dejado de escuchar las órdenes básicas, apareció sobre sus dos piernas el ser humano. Y puesto que apareció sobre sus piernas, no ha podido dejar de caminar después de siglos y siglos de evolución. Por eso, el hombre nómada pobló el mundo caminándolo. Hasta que hace muy poco, apenas unos diez mil años, recibió la tercera orden: "¡produce alimentos!". Entonces, el hombre se volvió sedentario, fundó ciudades y comenzó otra etapa en la que tuvo que hacer espacio entre lo que era verde en la naturaleza para producir sus alimentos, ayudado por sus manos y su cerebro.

¿Hacia dónde?, se pregunta hoy el hombre, abrumado por encontrarse en un camino que parece una encrucijada. Habrá que recordar y entender lo que dijeron los dioses. Y es que las grandes órdenes requerían instrucciones más precisas y herramientas para cumplirlas. Desde el principio, la manera más sencilla que encontraron los dioses de enviar mensajes fue inventando la diversidad química, donde plasmaron la importancia del orden y de la estructura, como en el lenguaje, diseñando así moléculas, unas pequeñas y otras gigantescas, unas sencillas y otras complejas. Fue así como apareció el ADN y con él la primera instrucción concreta: un gen. Los genes fueron y siguen siendo el vehículo para informar a la célula y repetir las instrucciones generación tras generación. Y así, conforme la célula evolucionó hasta llegar al hombre, usando siempre el lenguaje sencillo del ADN, las instrucciones se hicieron más numerosas y complejas, pero siempre adaptadas al medio ambiente —aunque últimamente al hombre le ha dado por adaptar el ambiente a sus genes—. Fue justo entonces cuando empezó a hacerse espacio entre lo verde.

Esta tercera orden de producir alimentos no llegó al mismo tiempo en todas partes. Corrió por el mundo llegando antes a lugares más poblados. Los sumerios —más rápidos que los mesoamericanos— dieron origen a la Creciente Fértil. Otras zonas donde sin duda se obedeció la orden fueron los Andes de América del Sur y quizás la cuenca amazónica adyacente, el este de los Estados Unidos, Egipto, el África Occidental, Sahel, China y Nueva Guinea.

Esto lo sabemos en parte porque hace unos cinco mil años una mano humana grabó la primera palabra en una tableta de barro, con lo que inauguró la práctica de la escritura y, como consecuencia, la historia escrita de la humanidad. Parece ser que en Sumeria, precisamente en Uruk, floreció el primer conglomerado humano que podríamos llamar "ciudad". Dicen que el hombre escribió para llevar cuenta de sus transacciones, pues la memoria ya no le era suficiente —aunque los poetas prefieren pensar, tal vez con razón, que las primeras palabras escritas fueron palabras de amor. Comenzó entonces un periodo de poderosa explosión creativa que no se había repetido sino hasta nuestros tiempos. Proliferaron los instrumentos y las herramientas se hicieron más complejas conforme el ser humano se volvió más hábil y reflexivo. Dones de los dioses para poder interpretar y cumplir las grandes órdenes.

Pero hubo una herramienta de la que, hasta ahora, la historia ha hablado muy poco. Regresemos a ese principio, ubicado hace unos diez mil años, cuando, siguiendo las órdenes y aprovechando su inteligencia, el hombre dejó de esperar que la naturaleza tuviera a bien proveerlo de alimentos y la modificó para poder alimentarse de una manera más o menos segura. Fue así como conscientemente plantó semillas e inventó el azadón y el arado para aprovechar la fuerza del buey y cultivar un territorio mayor. Y desvió el curso que la naturaleza había dado a los ríos para que éstos, a través de canales de exquisito diseño, llevaran agua a sus tierras y a sus ciudades sin tener que esperar a que los dioses enviaran las lluvias. Descubrió también la rueda y la manera en que ésta aligeraba el transporte; inventó la cerámica y tuvo dominio sobre los metales, y con estos materiales fabricó docenas de instrumentos y herramientas. Construyó moradas que lo protegían del viento y de la lluvia; aprendió a enterrar y venerar a sus muertos, a comer carne cocida y a agradecer a los dioses el haber descubierto la forma de procurarse alimento. A partir de ese principio, lo que había sido siempre para el ser humano dejó de serlo y empezó una historia de lucha, convivencia y transformación de la naturaleza que no ha concluido aún y que quizás nunca lo haga. Ese principio está marcado por el uso de una de las más poderosas herramientas dadas al ser humano para interactuar con una buena parte de la naturaleza: la capacidad de modificar las instrucciones vitales de las plantas, es decir de sus genes.

Así, por ejemplo, mientras la naturaleza proveía a sus almendras de la información necesaria para hacerlas amargas y venenosas, evitando que los animales salvajes o incluso el hombre nómada las consumiera, el hombre sedentario las transformó seleccionando y reproduciendo plantas nuevas —hoy diríamos "mutantes"— que, por azar, desacataban la orden química de producir sustancias tóxicas y amargas; este desacato se debía a cambios químicos estructurados y espontáneos en los genes —mutaciones genéticas, en el lenguaje moderno—. El hombre antiguo las pudo identificar separando estas plantas del resto y convirtiéndolas en sus aliadas, sus compañeras de viaje, sus alimentos. Y a eso lo llamó "domesticar". Hoy se diría que gracias a la propagación planeada de una planta que padecía de la mutación de un gen —el que ordena la síntesis de una sustancia llamada *amigdalina*— el hombre aprovechó la contraorden de la naturaleza y la usó para su conveniencia. Esa planta no hubiese sobrevivido en la era previa.

En el principio, hace diez mil años, casi todo era verde y la historia del hombre de hoy comenzó gracias al uso que hizo de las mutaciones, las modificaciones y las alteraciones genéticas.

El ser humano debió enfrentar y cambiar también el mecanismo mediante el cual la naturaleza reproducía sus plantas. Observó, por ejemplo, cómo los frijoles o los chícharos se resguardaban dentro de una vaina que, llegado el momento de la reproducción, explotaba dispersando las semillas por el campo. Seleccionó entonces aquellas plantas defectuosas en esa instrucción, causada por otra modificación química, otra mutación en la estructura del gen o genes que controlaban el mecanismo de dispersión de las semillas. Antes del principio, estas plantas defectuosas morían, pues no había forma de que sus semillas se propagaran. Hasta que llegó el ser humano. Y puesto que las semillas dispersas no le eran útiles como alimento, seleccionó plantas genéticamente modificadas. Estas plantas tenían la desventaja de que, para su reproducción, requerían la mano del hombre, pues debía sembrar la semilla él mismo; pero a cambio podía cosechar, directamente de la planta, las semillas que constituirían su alimento. Y así fue como nacieron los cereales, las leguminosas y muchos otros productos del campo, contraviniendo el orden natural de las cosas.

Pero las mutaciones genéticas no se detuvieron ahí. La naturaleza había desarrollado una estrategia para evitar que todas las semillas brotaran rápida y simultáneamente. Así, ante un clima cambiante, de haber una aniquilación por sequías o heladas, siempre habría semillas en el suelo para propagar la especie. Para ello la semilla se hizo de sustancias inhibidoras de la germinación, o bien de estrategias para controlarla, como encerrar las semillas en una robusta cáscara. Así sobrevivía el trigo o la cebada, el lino o el girasol. Pero entonces, los humanos seleccionaron mutantes genéticas que carecieran de robustas cáscaras o de los compuestos químicos inhibidores de la germinación y con ello lograron que todas las semillas brotaran sin demora y al mismo tiempo. Siembra, crecimiento y cosecha fue el ciclo que el hombre impuso a la naturaleza gracias a las mutaciones genéticas, y que dio origen a la agricultura.

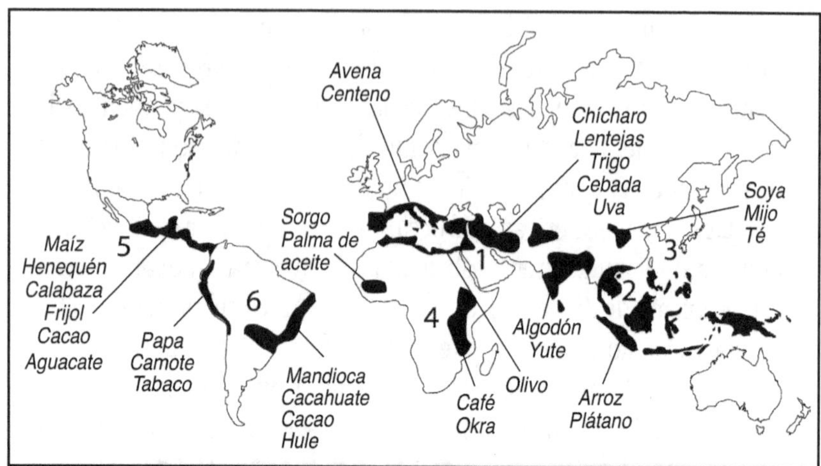

Figura 2. Centro de origen y domesticación de ciertos cultivos. Según algunos autores, en las regiones 1, 3 y 5 se inició el cultivo de las especies señaladas (centros), y en las regiones 2, 4 y 6 se dio una adaptación y diversificación posterior de varias especies (no centros).

Y aún más. Las mutaciones trajeron beneficios adicionales para el hombre recién convertido en agricultor: también podían afectar al sistema reproductor. Así fue como aisló mutantes que dieron frutos sin necesidad de combinar femenino con masculino, y aparecieron plátanos, uvas, naranjas y toronjas sin semilla. Otras mutantes pudieron fertilizarse a sí mismas (hermafroditas autofertilizantes). De esta manera podría conservar sus mutantes genéticas, sin perderlas como antes, cuando se cruzaban con las plantas silvestres en la naturaleza. Pero, no conforme con eso, el hombre fue más lejos en su experimentación y asoció fisiológicamente plantas de distinta especie. E inventó el injerto, para transportar la savia de una especie a otra y, gracias a eso, cultivar mejor ciruelas, manzanas y melocotones, entre otras frutas, como el cerezo, cuya semilla silvestre no tenía vigor suficiente para dar frutos de interés. Adaptaciones genéticas posteriores ocasionaron que plantas silvestres que se habían arraigado como maleza espontánea en campos de cultivo dieran lugar al centeno, la avena, los nabos, los rábanos, la remolacha y la lechuga. Los humanos observaron, seleccionaron y cultivaron variantes de plantas de la misma especie con cambios en el patrón de desarrollo de yemas, hojas, brotes y raíces. De un solo grupo de plantas del género *Brassica* se originaron coles, nabos, coliflores, brócolis, colecitas de Bruselas y la mostaza. De otra especie particular, el frijol, ha seleccionado una amplísima variedad de semillas gordas, delgadas, oscuras, claras, que crecen en cualquier ambiente y que ahora llamamos azufrado, pinto, canario, bayo, garbancillo, jaspeado, alubia, cuarenteño, trepador, huajesquite, coloradito, palomita, etc. Variaciones sobre un mismo tema, una misma planta conocida. Ésta es una historia en la que no por décadas, sino por milenios, el hombre ha venido aprendiendo y usando, cada vez con mayor perfección, los principios de la herencia biológica para obedecer la orden básica que la especie recibió: producir alimentos. Para ello, desde entonces ha debido enfrentar a la naturaleza y cambiarla. Hoy despierta ante otra orden antigua. Orden que dejó de escuchar ante su obsesiva y ciega lucha por producir ya no sólo alimentos, sino todo lo que satisfacía sus aparentes necesidades. Esa orden lo llama a recuperar el rumbo y a reconstruir un equilibrio que ha roto. Es la orden de *Gaia* que llama a restablecer el balance y al mismo tiempo diversificar y mantener la vida del planeta.

Dependemos de una armonía entre nuestras actividades y las de la Tierra; compartimos con todas las especies vivas el uso del suelo, del aire y del agua. Pero no sólo eso; hemos descubierto que compartimos también la estructura y el sistema que conforma la base de la información genética, lo que está cambiando la visión y el papel de los seres humanos en el planeta. La humanidad deberá usar sus herramientas y su sabiduría para responder a este llamado.

Alimentos de siempre

—Pues yo ya me cansé de leer eso de que la biotecnología es tan antigua como los humanos, y que si el hombre de Cromañón ya fermentaba sus carnes, o que si los sumerios armaban orgías de época con pura cerveza o, más aún, que los egipcios eran panzones gracias a que sabían hacer el pan. Es lo primero que dicen todos los que defienden la biotecnología. Lo que pasa es que esa biotecnología sí era segura. No como los experimentos que están haciendo ahora con microbios y plantas y que quién sabe si nos pueden envenenar.

31

Así abrió el debate Juan Peniche, del grupo de 2º de preparatoria, en la "Louis Pasteur". La maestra de ciencias les había pedido que trabajaran individualmente y que consultaran los diarios durante un mes; que entrevistaran a sus padres, a otros maestros y, preferentemente, a gente del área científica, a industriales del sector alimentario y también a ecólogos y ecologistas. De paso, les comentó que de este último par, los primeros eran los investigadores estudiosos del medio ambiente, mientras que los segundos eran los activistas de diversas causas relacionadas con la naturaleza. Cada uno debería indagar los principales aportes de la biotecnología en materia de alimentos y adoptar una posición frente a las controversias surgidas de las innovaciones de la biotecnología moderna. De acuerdo con el instructivo del debate, tomarían la palabra de manera alternada, uno para hablar a favor y otro en contra.

—Pues si Peniche se cansó de leer, que por lo menos haga un recuento claro de lo que hoy comemos gracias a la biotecnología —dijo Mayra del Castillo—. Que incluya primero todas y cada una de las bebidas alcohólicas, como el vino, el tequila o el mezcal, y no sólo la cerveza; que agregue todos los derivados de la leche, incluidos los cientos de tipos de quesos, el yogurt, el jocoque, y no sé cuántos más; que recuerde cuántas veces ha comido preparados fermentados de soya, como el *tofu*, o de maíz, como el pozol, o directamente organismos del grupo de los hongos, como el cuitlacoche, los champiñones y otras setas; que mencione también que muchas sustancias importantes para la alimentación vienen de la biotecnología, como el vinagre, los ácidos orgánicos, varios aditivos, etcétera, y que, finalmente, se imagine la alimentación hoy sin la biotecnología, a ver si no se deprime. En todos esos casos intervienen varios microorganismos para su producción y procesamiento y, desde hace décadas, se emplean cepas modificadas genéticamente mediante técnicas tradicionales, como las radiaciones o los mutágenos químicos.

—Pero ésos son los mismos microorganismos que se usan desde la antigüedad —comentó Tito Madrazo—. Los peligrosos ahora, como dijo Peniche, son los que han sido manipulados mediante ingeniería genética, pues ya han causado varias muertes.

—¿De veras?, ¿cuáles muertes? —interrumpió asombrada Del Castillo—. ¿De dónde sacaste esa noticia?

—Orden, orden —dijo la maestra—. A ver muchachos: quedamos en que toda información que se usara en este debate sería investigada lo más a fondo posible para evitar quedarnos sólo con encabezados o con lo que dice una sola fuente. ¿Dónde leíste lo de las muertes, Tito?

—Este... en el periódico; entre mis recortes había una nota donde entrevistaron a una investigadora de la UNAM, maestra —respondió Tito muy seguro de sí mismo.

—Ah caray, pues eso sí está más serio. ¿A ver qué dice la noticia?

Tito leyó de sus notas:

—Dice que en 1998 la manipulación genética del triptofano, un complemento dietético común, causó la muerte a 37 estadounidenses y la invalidez a otros cinco mil, antes de ser prohibido por la agencia del gobierno gringo que vigila los alimentos, la Food and Drug Administration. Luego dice, también, que una soya genéticamente manipulada con nuez de Brasil aumentó la vulnerabilidad de personas sensibles a las alergias; mmm... también dice que hay un aumento de 180 por ciento en la incidencia de cáncer de pecho en mujeres y de tumor maligno de próstata en hombres por ingerir leche y crema tratadas con la hormona somatotropina...

—¡Eh! ¡Eh!, pues creo que esta investigadora se equivoca o miente, maestra, porque yo leí un poco más sobre esas historias y tengo otra información —intervino sonriente Enrique Galván.

—Tiene la palabra Enrique —dijo la maestra.

—Primero, me parece que eso que nos leíste no tiene lógica, pues de haber habido tantos muertos y tantos cancerosos, hace mucho que se hubiera prohibido la biotecnología en Estados Unidos y, de rebote, también en México. Además, me extraña que lo diga un académico. ¿Cita allí alguna referencia concreta? —preguntó a Tito, quien sólo se limitó a negarlo con la cabeza.

—Yo encontré que lo del triptofano fue causado por un proceso de purificación deficiente —continuó Enrique—, que nada tiene que ver con que el microorganismo que lo produjo fuera o no transgénico. La empresa había cambiado un paso del proceso de purificación del triptofano, pero resultó que uno de sus derivados químicos, que antes se eliminaba con carbón activado, se quedó en el producto final, ocasionando graves problemas de toxicidad entre los consumidores. Si hubiera sido realmente a causa del microorganismo, entonces hace mucho que ya se hubieran prohibido ese y otros aminoácidos que se producen con microorganismos transgénicos. Por ejemplo, la fenilalanina o el ácido aspártico, ambos empleados para elaborar aspartamo, ése que tienen los refrescos de dieta, y que es el edulcorante sintético más usado en el mundo. Y, bueno, en cuanto a la hormona somatotropina, la cual estimula el crecimiento, se usa en las vacas y no en la leche; según esto, desde hace más de diez años se les aplica y no hay evidencias de que represente algún riesgo para la salud humana, aunque pareciera ser que ha aumentado la incidencia de mastitis entre las vacas tratadas —concluyó Enrique.

—Creo que es un buen planteamiento —dijo la maestra—, sin embargo, recuerden que si más adelante encuentran evidencias en uno u otro sentido, este debate no termina aquí, sino que debe ser parte continua de nuestra clase, como lo será en el futuro de su vida en la sociedad; estar bien informados y opinar, ésa es su obligación como ciudadanos. Así que, ¿quién más quiere participar? —concluyó la maestra.

Revisó al grupo y dio la palabra a Alejandra Moreno.

—Pues fíjese que a mí me encantó todo lo que encontré sobre las le-vaduras, maestra, pero me llama la atención que a pesar de que se usan desde hace muchísimo tiempo, aún las sigan mejorando. Se producen millones de toneladas por todo el mundo, ahí donde se elabora pan o se fermenta el azúcar para hacer alcohol. Pero, además, ahora se cultivan también levaduras que llevan un gen con el cual producen la enzima galactosidasa que les permite crecer aprovechando la lactosa contenida en el suero de leche que, de otra forma, se iría al caño. De la misma manera, las han modificado genéticamente para que asimilen la rafinosa, un azúcar poco común que está presente en las melazas de remolacha. Pero lo más fascinante, maestra —continuó Alejandra—, fue la modificación a que las sometieron para hacer pan. Lo que sucede es que en la harina para pan hay varios azúcares y cuando las levaduras fermentan la masa, van consumiendo los azúcares en orden, uno por uno. Y, bueno, a la maltosa, que es el más abundante en la masa, la dejan al último. Esto se debe a que al principio, las enzimas que usan para asimilarla están ausentes, o más bien, los genes que codifican para estas enzimas están "apagados", por lo que asimilan primero los azúcares más sencillos, como la glucosa. Los científicos cambiaron, con ingeniería genética, una zona del ADN de la levadura que se encar-ga de controlar a los genes relacionados con la asimilación de la maltosa para que funcionara de manera similar a la zona que regula la asimilación de la glucosa. Lo atractivo de todo esto es que esta nueva levadura usa todos los azúcares al mismo tiempo, crece más y fermenta mejor la masa.

—¿Sobre este tema de la levadura, alguna aclaración o comentario en contra? —preguntó la maestra.

—Pues yo prefiero comer con tortilla —intervino Cuauhtémoc Negrete—. Además los bolillos cada vez los hacen más chiquitos y más caros.

—Ése no es argumento, Cuauh —lo interrumpió la maestra.

—¿Pues no quería que hablara en contra?

—Sí, pero no para decir cualquier cosa.

—Bueno, bueno; en realidad, yo estoy a favor de eso de las levaduras transgénicas, porque a pesar de que a mi jefe le choca lo de la comida rápida, y no sale de sus tacos y chalupas, la verdad es que sí le ha bajado mucho la panza desde que toma sólo cervezas con bajo contenido en carbohidratos. Debe ser porque los azúcares en exceso se pueden convertir en grasa. Por internet me enteré de que esas cervezas se pueden hacer con una levadura a la que le han introducido el gen de la amilasa, una enzima que degrada los residuos de almidón presentes después del proceso de malteado de la cebada. Con todo esto, es seguro que consume menos azúcares en cada una de sus reunioncitas.

—Pues bien, maestra, hablando de cerveza —se levantó Hans von Bier para comentar—, mi padre me contó que en Alemania había muchas restricciones para usar aditivos en la producción de cerveza y que generalmente se hacía de manera artesanal. Por lo mismo, no se usan enzimas provenientes de microorganismos, ni en el malteado ni para ayudar a filtrar el mosto, como hacen aquí. Tampoco se puede agregar arroz o maíz a la cebada como adjuntos.

—Pues para todo hay gustos, Hansito —le dijo Cuauhtémoc, medio con sorna—, además, bien que he visto a tu jefe echándose sus "Coronas" en la Fonda de Don Chon. Y, por cierto, la cerveza mexicana tiene ya casi tanto mercado en el mundo como la marca Heineken.

—Está bien —los detuvo la maestra—. Recuerden que esto no es un diálogo.

—Pero, sabe, maestra —agregó Hans—, lo que sí es cierto es que uno de los principales problemas en el proceso cervecero es la acumulación del llamado "diacetilo" al final de la fermentación —y, muy formal, explicó—: el diacetilo es el compuesto que le da sabor a la mantequilla, pero a la cerveza le da un sabor dulzón y desagradable, así que para eliminarlo es necesario almacenarla varias semanas. En la Universidad de Berlín y en otros grupos de investigación por todo el mundo cervecero, se han desarrollado otras estrategias, entre ellas el diseño de cepas transformadas de levadura que, con una nueva enzima, hacen que el diacetilo disminuya al convertir a su precursor, el acetolactato, en otro compuesto conocido como acetoína.

—Pues sí que puede impactar la ingeniería genética a los alimentos tradicionales, ¿no creen? Pero hablando de procesamiento o de hábitos de consumo, ¿alguien tiene cuestionamientos u opiniones desfavorables? —preguntó la maestra.

—Yo sí quisiera decir algo, maestra —comentó Pierre Dubois—. Nosotros en casa somos miembros de una organización que se denomina "Comida Lenta". Y estamos en contra de todos los cambios tecnológicos que modifiquen la forma clásica de alimentarnos. El grupo

Tabla 2. Evolución de la biotecnología en el proceso de producción de cerveza.

Era de la biotecnología	Ejemplos de avances en el proceso
Antigua	• Uso empírico de levaduras silvestres provenientes del medio ambiente. • Malteado empírico de cereales.
Tradicional	• Louis Pasteur descubre la naturaleza microbiológica del proceso cervecero. • Introducción al proceso de cultivos de levadura puros. • Conocimiento del proceso bioquímico de malteado.
Industrial	• Control automático de la fermentación. • Uso de enzimas para el malteado, el filtrado y para eliminar la turbidez en frío. • Conocimiento de las vías metabólicas en la levadura. • Uso de enzimas para producir cervezas ligeras.
Moderna	• Levaduras modificadas genéticamente para degradar dextrinas o para evitar la producción de diacetilo. • Uso de maíz y de cebada transgénicos.

fundador surgió en Bra, una ciudad del noroeste de Italia, cuando en 1989 se creó el primer McDonalds en Roma. El emblema del grupo es el caracol, que es un símbolo contra la velocidad y el estrés que han impactado todo el quehacer humano, incluida su forma de producir y de consumir alimentos.

—¡Ah! sí, sí —recordó Luis de la Concha—. Mi mamá y varias de sus amigas han tomado cursos de cocina que da ese grupo en México, sólo que, como anda en esos rollos, ahora ya no hay quien cocine en casa, y mi papá prepara pura comida rápida. Claro, cuando organiza sus comidas entonces sí todos le echan flores y se la pasan súper, sin prisas, vaya, pero el sábado en la noche. Por cierto, la ultima vez sirvió unos huevitos de hormiga buenísimos, pero mucho más caros que los de gallina —concluyó, saboreando el recuerdo.

—Ahora me toca a mí —intervino Rosita González—. El fondo del asunto aquí es que, independientemente de que eso también se vuelva negocio, es muy importante recuperar nuestra cultura alimentaria y, para ello, yo veo dos grandes recetas: una es disfrutarla, y la otra es, con toda la mesura que esto implica, modernizarla. Porque Pierre habla de regresar al pasado hasta en la forma de calentar los alimentos, y eso está bien para quienes lo pueden pagar y tienen el tiempo, pero el ciudadano común necesita soluciones más prácticas. Y si no que nos diga Pierre si el pueblo francés no sabe disfrutar de su cocina y, al mismo tiempo, ha sabido modernizar su industria productora de vino y de quesos. ¿Ya saben del vino transgénico?

—¿Qué dices? —preguntó Pierre preocupado.

—Pues sí, Pierrito —respondió Rosita—, parece que hay muchos defectos en el vino, como puede ser la baja acidez o, el caso contrario, la alta acidez causada por el ácido málico; en cada situación el problema puede corregirse empleando el tipo de levadura apropiada. Mediante una modificación genética específica se puede aumentar el contenido de ácido láctico, o bien, transformar el málico en láctico; o, también, para eliminar una sustancia llamada etil carbamato, que es cancerígena y que se forma al reaccionar el alcohol con la urea presente en el mosto, es decir, el jugo de uva que se va a fermentar. Si se inactiva o se elimina el gen responsable de la producción de urea, se evita la síntesis de este compuesto. Claro, todo esto aparte de lo que se pueda hacer en materia de protección de la vid a infecciones.

—Mire, maestra, no hay como una demostración práctica de los avances de la biotecnología moderna —comentó Amelia Zarabia desde su asiento al mismo tiempo que señalaba hacia un libro ilustrado y apuraba de un trago lo que parecía ser una bebida láctica contenida en un pequeño frasco. Abrió su libro de Microbiología Industrial y continuó—: Antes, las bacterias lácticas se infectaban muy fácilmente con virus, que en este caso se llaman *bacteriófagos*. Pues recientemente se han desarrollado cepas resistentes al ataque de estos virus que se comportan como si estuvieran vacunadas contra ellos, impidiendo su invasión. Pero la aplicación más impactante y más desarrollada tiene que ver con el efecto benéfico de consumir diversos tipos de bacterias lácticas, como las bifidobacterias y los lactobacilos, en bebidas benéficas para la llamada *microflora intestinal*. Desde ahí fortalecen nuestro sistema inmunológico, producen vitaminas y nos ayudan en la digestión.

—¿Te refieres a los bichos que traemos en las tripas? —preguntó Cuauhtémoc.

—Exacto —contestó Amelia—. ¿Sabías que tienes más bacterias en el tracto intestinal que células en todo tu cuerpo? Apenas se empieza a conocer sobre la importancia de nuestra convivencia pacífica, pues comenzamos a convivir con ellos desde que salimos estériles del vientre materno.

—¡Órale! —fue lo único que atinó a decir Cuauhtémoc.

—Estas bacterias lácticas —continuó Amelia— compiten muy bien contra algunas patógenas, favoreciendo el crecimiento de los microbios que hacen simbiosis en nuestro intestino —hizo una pausa para dar otro sorbo a su bebida, aunque sabía que no debía comer en cla-se—. Así que no sólo han proliferado las bebidas con bacterias, sino que ya se ha encontrado que varios de los factores causantes del efecto antivirulento son proteínas pequeñas llamadas *bacteriocinas*. Entonces, para proteger un alimento ahora, en vez de usar antibióticos u otro tipo de conservadores, se pueden usar estas proteínas, agregando el microorganismo a los productos de carne procesados (fermentados), como salchichas, salami, aceitunas o incluso al queso. Como la bacteriocina puede ser producida en un tanque fermentador en laboratorios industriales, también se puede aplicar como aditivo. Me encontré este libro que está buenísimo y, después de hojearlo, conocí toda una gama de productos benéficos para la salud que se está obteniendo mediante estos microorganismos a los que denominan *probióticos* —concluyó Amelia su bebida y su presentación simultáneamente.

Ante el silencio que se hizo en clase, la maestra comentó:

—Se me fueron acabando los inconformes con la biotecnología, ¿o qué pasó? La ciencia, como ven, continúa avanzando inexorablemente, revelando los elementos y los mecanismos mediante los cuales funcionan muchos objetos y procesos de la naturaleza: átomos, moléculas, microorganismos, la digestión, la nutrición, etcétera, y los humanos seguimos modificando nuestra existencia con los productos de este conocimiento. En ocasiones esas modificaciones rayan en el absurdo, como lo demuestra la enorme cantidad de alimentos chatarra que consumimos. Tenemos que ser muy cuidadosos. Muchos de estos desarrollos son necesarios, otros, superfluos. No todo lo resuelve la técnica, por muy avanzada que sea. Tampoco la respuesta está en regresar al pasado a comer como caníbales. Así que en sus manos está el futuro. Y parte de las decisiones está en elegir lo que van a comer hoy. Con más conocimientos, su tenedor y su espíritu explorador pueden hacer mucho más por nuestra cultura alimentaria que los lamentos, añoranzas o conformismo. Es hora del recreo —suspiró.

4

Zea mays

Tan sólo por nuestro sustento, Tonacáyotl, el maíz, subsiste la Tierra,
vive el mundo, pobslamos el mundo.
El maíz, Tonacáyotl, es lo en verdad valioso de nuestro ser.
CÓDICE FLORENTINO

Y fue Quetzalcóatl, símbolo de la sabiduría del México antiguo, quien restauró a los seres humanos, los macehuales, y les proporcionó después su alimento, cuenta el Códice Chimalpopoca. Quetzalcóatl, con ayuda de su nahual, de gusanos y abejas silvestres, rescata los huesos de generaciones pasadas para llevarlos a Temoanchan, donde les dio vida, burlando a Mictlantecuhtli, señor de la región de los muertos. Pero necesitaba darles sustento, para lo cual se echó a cuestas la empresa más grande en la historia de esta región

41

del mundo: descubrir el maíz, nuestro sustento. Para ello, logró convencer a la hormiga de que lo guiase hasta el Tonacatepetl, cerro de los mantenimientos, nuestros y de los dioses, pues ellos también probaron el maíz desgranado, encontrado por Quetzalcóatl. Y cuentan que para que se hicieran fuertes lo puso entonces en los labios de Oxomoco y Cipactónal, de quienes descienden los seres humanos. Por ello somos hoy un pueblo de maíz. Como fueron los nahuas un pueblo de *cintli*, y los mayas de *ixim*. Hoy, es *Zea* "causa de vida", *Zea mays*, como lo nombró Lineo para la ciencia.

La domesticación del maíz fue un verdadero trabajo de hormiga, pues se logró desarrollar una planta robusta, con mazorcas grandes y vistosas, cuyos granos quedaran envueltos en hojas que los protegían hasta alcanzar la madurez suficiente para ser aprovechados por el hombre. A partir de un ancestro, cuya naturaleza aún se debate, y cuyos restos conocidos más antiguos datan de unos siete mil años a.C., los hombres del maíz fueron seleccionando semillas modificadas genéticamente, registrando las que mejores plantas produjesen en los diversos suelos, climas y altitudes; desde los casi tres mil metros en las faldas de los volcanes hasta las costas oaxaqueñas y veracruzanas; plantas que, además, resistiesen a las plagas naturales, dieran frutos en poco tiempo, se almacenaran con facilidad conservándose por largo tiempo y se aprovecharan de manera integral. Esto dio lugar a una gran diversidad de maíces, sustento de otras tantas culturas; podría decirse que el regalo de Quetzalcóatl sólo marcó el principio del proceso que llevó al desarrollo del maíz. Se requirió de varios milenios y de un esfuerzo de tal magnitud que llevó a que en Meso-américa el maíz constituyera la especie vegetal domesticada de más amplia distribución y con rendimiento superior al de otros cereales. Hoy, después de servir de alimento a los pobladores de estas tierras a lo largo de todas sus épocas, basta echar un vistazo a los productos disponibles en un mercado y a los platillos de la cocina mexicana para constatar cuántos de ellos, directa o indirectamente, se elaboran utilizando como base el maíz, y para caer en la cuenta del nivel de penetración que logró en nuestra cultura alimentaria. Hoy en día es también el cereal de mayor producción mundial.

Y, sin embargo, no fue sino hasta hace apenas un par de milenios, después de creadas más de 40 razas de maíz mexicano, muchas de ellas asociadas con ciertos grupos culturales o con la distribución de lenguas indígenas, cuando se lograron mazorcas tal y como las conocemos ahora. Con ellas se alimentaba en el siglo XVI una población de unos 20 millones, que esperaba el retorno de Quetzalcóatl de otras tierras. Tristemente, hoy ya no se espera la llegada de Quetzalcóatl, sino la del maíz a granel. Cada año la cantidad de maíz que debe importarse desde Estados Unidos crece significativamente; de 1994 a 1998 las importaciones se incrementaron en un 94% y se estima que en el año 2001 se importaron más de seis millones de toneladas, contra unos 18.5 millones que se producen en el país.

Del regalo original de Quetzalcóatl, los antiguos mexicanos seleccionaron las plantas que mejor convenían a sus intereses; la combinación de la presión selectiva del hombre con las condiciones del medio ambiente dio oportunidad a que algunas variantes genéticas, derivadas de mutaciones desconocidas, se desarrollaran en las razas que heredamos de nuestros antepasados. Agradecieron, por ejemplo, un maíz lento para madurar, adaptado a las alturas donde se raciona el consumo de energía para mantener el calor y, también, un maíz en el que el color de la planta sirve de filtro para evitar los daños de los rayos del Sol. La forma caprichosa de las mazorcas no es resultado del azar, sino que corresponde a variantes genéticas que exponen más o menos superficie dependiendo del clima de la región. El tamaño de la planta y la rapidez de su desarrollo son también una respuesta al viento o a la disponibilidad de agua.

Pero el hombre siempre se ha salido con la suya, y su interés por la selección de una variedad en particular, a pesar de lo que dicta el medio ambiente, se ejemplifica con el caso del maíz cacahuacintle: el hecho de que los granos blancos, grandes y harinosos, fáciles de reventar en agua, sean más susceptibles a las plagas, no impidió su selección, dado que se consume preferentemente en forma de pozole. Hoy, una variante de maíz amarillo genéticamente modificado, que contiene una proteína que desde 1961 se aplica en el mundo como bioinsecticida, lo hace resistente a una amplia variedad de insectos y constituye ya más del 30% del maíz que se siembra en Estados Unidos. La ventaja de este maíz en aquellas tierras es que no perjudica al medio ambiente, ya que los agricultores aplican menos insecticidas para evitar que los insectos mermen y acaben con la cosecha. Sin duda, es una variante que no pudo haber surgido fácilmente de una mutación genética como la que dio lugar a las decenas de razas desarrolladas por los antiguos mexicanos, algunas ciertamente más resistentes a los insectos que otras.

Existen muchas interrogantes sobre los riesgos que estas nuevas variedades puedan tener tanto para el medio ambiente como para la salud. En lo que se refiere a esta última, muchas inquietudes son infundadas y parten de supuestos escenarios que, después de diez años de sembrar y de comer estas especies en diversas partes del mundo, no se han cumplido. Además, en estos análisis se olvidan con frecuencia los efectos nocivos demostrados de los plaguicidas, tanto en la salud como en el medio ambiente. Por otro lado, cuando oímos hablar de virus y de sus genes generalmente reaccionamos con precaución, por decir lo menos, y cómo no, si fueron los genes del virus de la viruela los que casi aniquilaron a la población de los hombres de maíz. Aunque habría que reconocer que los hombres de trigo se hicieron resistentes a ésas y a otras enfermedades por su temprana exposición a los agentes infecciosos, a través de su convivencia con los animales domésticos. En el caso del maíz y de otras plantas modificadas genéticamente, se han introducido genes *exógenos*, es decir, obtenidos de otros organismos, que al introducirse en una planta de interés pueden expresar la información genética que llevan. La intención ha sido incorporarles nuevas capacidades que vienen contenidas en estos genes. Para ello, los *transgenes* (o genes recombinantes) utilizados actualmente, requieren un *promotor* —como se denomina a la zona de ADN que controla la expresión de un gen adyacente—; éste puede provenir de un pequeño fragmento aislado del genoma del "virus del mosaico" que afecta a la coliflor. Por otro lado, la región de ADN que está al final de los nuevos genes introducidos en cultivos modificados ge-néticamente —es decir, "el terminador"—, puede provenir de una bacteria. Por ende, no debe sorprendernos escuchar que hay secuencias genéticas virales o bacterianas en las plantas transgénicas; en cambio, es una falacia que se diga que se introdujeron virus o bacterias como tales.

Quizás la principal preocupación de la sociedad es el impacto que los maíces transgénicos pudieran tener en el medio ambiente. Una de las preguntas esenciales que se hacen los antropólogos es cuál es la raza de maíz más antigua registrada hasta la fecha: ¿tabloncillo, zapalote, maíz ancho, pepitilla…? Muchas razas surgieron por variación e hibridación entre otras más antiguas, pero lo cierto es que existe consenso en que su ancestro común más cercano es el teocintle. De hecho, este último ha convivido con el maíz durante más de seis mil años pero, a diferencia del maíz, que es nuestro esclavo y amo, el teocintle —o maíz zapato, o malomaíz— dispersa sus escasas semillas de manera natural y se sigue reproduciendo sin necesidad del hombre. Los genes de maíces híbridos han volado, segura y repetidamente, como polen hasta el teocintle. A pesar de este contacto "natural" y de la presencia del hombre mismo, el teocintle perdura hasta nuestros días sin haber perdido su identidad biológica, casi convertido en una maleza. Sigue siendo una referencia importante para saber qué fue lo que cambió durante la domesticación de una gramínea tan importante.

Lo que también es un hecho, que se desprende de los restos de maíz encontrados en Guilá Naquitz, Oaxaca, es que el proceso de domesticación se inició al menos hace 6,250 años, mientras que las razas actuales de maíz existían desde el florecimiento de esta cultura teotihuacana, y otras razas ahí encontradas corresponden a tipos de maíz que no existen más; se perdieron por el mismo proceso de la manipulación humana, cuando ni siquiera se pensaba que pudiera diseñarse un maíz transgénico; se extinguieron simplemente porque no se consumían. Uno se pregunta qué diría la gente si en el supermercado le ofreciesen una mazorca de maíz en forma de pino, como las que aparecen en el *Códice Florentino*, tal como las encontró y las dibujó fray Bernardino de Sahagún en sus textos. Pocos dirían que eso es maíz y pensarían que es resultado de la manipulación genética. Pero la civilización avanza a pesar de nuestros temores y de que olvidamos los siglos de modificaciones genéticas que han dado como resultado los alimentos que hoy en día consumimos y la herencia cultural que esto representa. Nos asustamos de lo que se ha dado en llamar alimentos "químicos" o no naturales, y olvidamos que hace miles de años los antiguos mexicanos agregaron cenizas y después cal al maíz para inventar el proceso de nixtamalización, que no es otra cosa que la modificación química por hidrólisis alcalina del maíz, para ablandarlo y poder formar con él una masa para la elaboración de tortillas. Más química que ésa, ni en una lata de chiles.

Después de varios milenios, ¿cuál es el futuro del mexicano ante el maíz y su industria? ¿Qué respuesta tenemos ante la creciente demanda de alimentos y la pérdida de productividad agrícola? ¿Cuáles de estos problemas son verdaderamente de naturaleza agronómica y cuáles por el abandono que sufren nuestros productores? ¿Qué ventajas pueden obtener éstos del conocimiento científico? Cynthia Hewitt de Alcántara, autora de estudios sobre modernización agrícola y desarrollo social, señaló al respecto: "la ventaja de la experimentación genética en el maíz está en descubrir un modo de contrarrestar las insuficiencias de las milpas mexicanas tradicionales, y no en elevar la producción en las escasas tierras de riego". Ciertamente las interrogantes son mayores que las certezas, pero hay una realidad y es el hecho de que la *erosión genética* (pérdida de diversidad de genes en la población) es un fenómeno con el que lidiamos desde el pasado.

El término *contaminación* debe ser empleado con cautela. Desde hace décadas, híbridos de alto rendimiento "contaminan" nuestros maíces criollos y reducen, aparentemente, su acervo de posibilidades de variación o de adaptación. Es necesario, por tanto, que éstos se sigan cultivando y mejorando para evitar su erosión, pero nuestros campesinos, voluntaria o involuntariamente, contribuirán a esta erosión al sembrar lo que mejor les convenga; o lo que llegue a sus manos. La presencia de genes provenientes de variedades transgénicas en maíces criollos en México es una cuestión que debe ser investigada, evaluada y eventualmente controlada con transparencia, aunque es dudoso que esto vaya a tener efectos desastrosos en la supervivencia de nuestra diversidad.

Tampoco se podrá preservar una reserva milenaria a costa del hambre, como lo demuestra la pérdida de las selvas tropicales. Se requiere enfrentar el problema de manera integral para decidir cómo aprovechar las posibilidades de las tecnologías modernas, particularmente de las modificaciones genéticas, para mejorar la productividad y la calidad de nuestras variedades de maíz, incluido su valor nutrimental y sus múltiples usos, ponderando los riesgos y las opciones viables, caso por caso y de manera global. Para ello, es necesario considerar todos los elementos de juicio disponibles, pues la decisión no será fácil, particularmente en el caso del maíz. Como hemos revisado aquí, el maíz es un cultivo asociado a nuestras más profundas raíces, que aún tiene un potencial enorme y que no ha evitado que hayamos perdido autosuficiencia. Debemos encontrar formas complementarias de modernizar la producción, resolver el problema del abasto, sin poner en riesgo el aseguramiento a futuro de la riqueza que representa nuestra diversidad biológica. El reto que tenemos como sociedad es dar respuesta a todas las inquietudes; tendremos que cuidar y aprovechar la diversidad biológica de manera sustentable, mediante prácticas y reglamentaciones realistas, apropiadas a un mundo con urgente necesidad de alimentos accesibles e inocuos y con un medio ambiente deteriorado. ¡Quetzalcóatl sea con nosotros!

5

Jitomates amarillos

Todo es una cuestión de historias. Actualmente enfrentamos
problemas pues no contamos con una buena historia.
La descripción de cómo encajamos en la vieja historia ya no es efectiva.
Y sin embargo, aún no conocemos la nueva.
THOMAS BERRY, *THE DREAM OF THE EARTH*

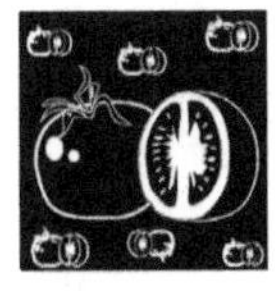

La doctora Socorro del Campo, bióloga y asesora del movimiento Alimentación y Pureza Genética fue categórica ante los reporteros y público en general que se habían dado cita en el auditorio municipal para un foro abierto, al cual había convocado la comisión especial nombrada por el congreso local. Dicha comisión analizaría la situación de la agroindustria del jitomate en el estado, en particular los aspectos relacionados con la seguridad alimentaria y las normas sanitarias para exportación; haría recomendaciones al pleno, después de consultar a productores y comercializadores de jitomate en la región y también a diversas ONG ambientalistas.

—¡No permitiremos que en ningún establecimiento del país se expendan jitomates transgénicos, cuyo consumo causa daños graves a la salud y al medio ambiente! Necesitamos que en todo establecimiento del país se garantice el carácter natural de los alimentos que se expenden —concluía la doctora Del Campo.

La reunión había dado un giro inesperado y los organizadores tenían problemas para moderar el debate entre los asistentes; aquello amenazaba con salirse de control ante lo acalorado de las discusiones.

—¡Pero, señora, por Dios!, ¿de dónde ha sacado usted esa información? —respondía una vez más don Venustiano, un hombre entrado en años y líder de los introductores de verduras frescas a la Central de Abastos. Venustiano conocía a la doctora Del Campo por haber enfrentado problemas previos con activistas miembros de esa organización, que bloquearon en dos ocasiones los accesos a la Central, ante la sospecha de la llegada de productos modificados genéticamente.

—Ustedes exigen garantías a quienes comercializamos jitomate en general, pero son indiferentes con quienes aumentan el precio con el pretexto de que son "orgánicos" —continuó molesto.

—Pues sí —reviró más molesta la doctora—, los jitomates orgánicos se producen sin fertilizantes ni plaguicidas, por lo que están libres de cualquier producto químico.

—Y eso sí se lo cree a pie juntillas, ¿no? —sonrió sarcástico Venustiano.

—Señores, por favor —intervino el diputado Filomeno Sánchez Sánchez del Partido Acuarela, quien coordinaba el foro—. Que no se hagan diálogos cerrados, pues la idea es externar opiniones y aclarar dudas. Les recuerdo que no se citó a esta reunión para hablar de productos de la "agricultura orgánica"; acabamos de oír justamente al representante de la organización Amigos de la Tierra quien mencionó que ojalá todos pudiéramos tener acceso a ese tipo de productos, pues su precio es muy elevado, y también, que habría que asegurarse de que todos los que comercializan productos "orgánicos" no nos estén dando gato por liebre. Para ello se necesita certificar que lo que se vende es realmente lo que se dice que es, y así evitar los cientos de fraudes que se cometen cada día vendiendo una cosa por otra. Pero en fin, esas preocupaciones se turnarán en su momento a las autoridades de la Secretaría de Salud. El asunto que nos reúne hoy es otro. Les ruego que no se desvíen del tema de los jitomates genéticamente mejorados —con-cluyó, cerrando el micrófono.

—De acuerdo —aceptó Venustiano, aunque insistió—: pero es que parece que la doctora no escuchó lo que dijo el doctor Flores, cuando explicó que los jitomates modificados genéticamente han sido analizados una y mil veces, y que las notas que aparecen en los periódicos son amarillas y no siempre se apegan a la verdad; es decir, a las evidencias científicas.

—Amarillistas —corrigió el doctor Flores un poco sonrojado al sentirse aludido. Si bien actualmente se encontraba sin empleo, había colaborado con la empresa estadounidense Calgene en el pasado, y había expuesto previamente, en la sección inicial de ponencias, algunos resultados publicados en revistas y foros científicos, derivados de investigaciones realizadas por diversos grupos de investigación en el mundo, en relación con la seguridad en el consumo de los famosos jitomates de maduración retardada, que él llamó amarillos, ante el amarillismo de muchas notas publicadas al respecto—. Efectivamente, lo que es un hecho es que hasta ahora no hemos visto ninguna prueba, ni leído ningún artículo científico o reportaje periodístico referente a pruebas concretas que demuestren que los alimentos ya comerciales que vienen de cultivos modificados genéticamente sean, ya no digo tóxicos, sino siquiera inseguros. Ni a corto ni a largo plazos. Entre los ejemplos usuales que se han difundido con bastante amarillismo sobre riesgos de alimentos transgénicos están los referentes a una soya alergénica, o a la relativa mortalidad de las larvas de la ma-riposa monarca con maíz modificado, por no hablar del maíz *StarLink*. Pero, en general, notarán que la tendencia es que después de decir que son peligrosos, venenosos, que pueden causar cáncer, o que pueden ser alergénicos, las noticias se desvanecen con el tiempo, sin que uno haya sabido de alguna catástrofe o de alguna muerte súbita; digamos John Smith en Alaska, o Pito Pérez en Sudáfrica..., qué sé yo, y mucho menos que se haya demostrado de manera concreta algún problema. Lo que sí va quedando en la memoria de la gente es lo que repiten los ambientalistas sin cesar: ¡los transgénicos son peligrosos!

Se escucharon algunos aplausos aislados, pero Flores continuó:

—En cambio, déjenme decirles que entre cinco y ocho de cada cien niños son alérgicos a diversos alimentos muy sanos y muy seguros, como las nueces que se expenden en cualquier mercado. No se diga al pescado o a los mariscos, y bueno, no he sabido de ninguna campaña que prohíba su venta —concluyó.

—¿Qué pasó?, ¿qué pasó? —comentó Venustiano, quien también tenía influencias en la introducción de mariscos—. Quedamos en que el tema aquí son los jitomates, ¿eh? No vaya a ser que al rato *me pasen a* perjudicar también con los mariscos. Mejor usted, que conoce el tema tan de cerca, aclare más para la concurrencia el asunto este de los jitomates —terminó, dirigiéndose a Flores.

Ante la propuesta de que Flores retomara el tema de las evaluaciones, se escucharon ahora fuertes silbidos del grupo de activistas que acompañaba a la doctora Del Campo, mientras que el diputado Sán-chez Sánchez solicitaba sin éxito a los asistentes que esperaran su turno de tomar la palabra y así poder hacerles llegar alguno de los micrófonos móviles que las edecanes controlaban, pues de otra manera no se escuchaban los comentarios.

Ante los silbidos que generaba su filiación con la industria multinacional en agrobiotecnología, Flores se puso como jitomate y comentó molesto:

—Pues si les interesa, y digo si les interesa porque a la gente sólo le gustan las historias donde hay muertos, heridos, intoxicados o conflictos pasionales...

—Ya, ya, Flores, al grano, no genere más polémica y vaya al grano —murmuró el diputado desde su micrófono personal.

—Pues como saben, estuve trabajando en una empresa durante mi año sabático... —continuó el doctor Flores, en medio de algunas risas del público, pues alguien le había gritado: "¡de mojado!"—. Nuestra empresa fue la primera en comercializar un cultivo transgénico en 1994, financiada por la empresa Campbells, la que hace las sopas, y quiero que sepan —dijo enfáticamente— que las autoridades sanitarias encargadas de vigilar esto de la seguridad de los alimentos, la "efdiei" (FDA, es decir la Food and Drug Administration), nos trajo verdaderamente bajo la lupa; cada aspecto del producto fue examinado con el más cuidadoso detalle desde 1988, ¡seis años antes de su salida al mercado!

—¿Y qué con eso? —gritó desde su lugar alguien del público.

—Que cuando no hay nada qué argumentar contra el alimento transgénico, entonces salen con que "pues no se sabe qué efecto puede causar a largo plazo" —canturreó burlonamente el doctor Flores—, y lo que quise decir es que muchos productos ya se han consumido por más de una década.

—Pero es que de verdad, señor, ¿quién nos asegura que al rato no nos vamos a morir todos de enfermedades extrañas? —exclamó en tono exaltado una señora de edad avanzada que se acompañaba de un grupo de vendedoras y cocineras, sentada frente a Flores.

—Pero, señora, ¿se da cuenta que ahora en promedio vivimos casi el doble de lo que vivían nuestros abuelos? Se pondrían verdes de envidia, y eso que su alimentación era cien por ciento de productos orgánicos —contestó el doctor Flores, tocándole el brazo.

—Pues sí, pero como sea, en el largo plazo, no sabemos —insistió desde su lugar la doctora Del Campo, a lo que Flores respondió inmediatamente impidiendo que el diputado Sánchez Sánchez pusiera orden:

—Está bien, pero aquí tenemos varias confusiones: la primera, porque como dijo un famoso economista, "en el largo plazo, todos estaremos muertos" —fue el único que rió de su broma; carraspeó y continuó—: la segunda es simplemente porque no se puede saber qué sucedería hasta que el laaaaargo plazo ocurra; ¡pero! —dijo mirando a todos y alzando el tono de voz—, un efecto acumulado en el tiempo se puede inferir, o adelantar de algún modo, a través de estudios con animales de experimentación. Por ejemplo, se ha visto que ratones, conejos, perros, y no sé qué otro animal, alimentados con estos productos, no sufren daño alguno, ni ellos ni sus crías.

—Oiga, ¿y qué tiene este jitomate que lo hace diferente? —preguntó un campesino que seguía atento la discusión desde su lugar, peinando con los dedos la punta de su largo bigote blanco—. Habría que empezar por explicarnos a nosotros, los productores, qué ventajas tiene, ¿no creen? Debería haber traído algunas muestras.

—Pues sí —sonrió nervioso Flores—, tienen algunos cambios, pero por el momento, y a diferencia de lo que pregona mucha gente, no creo que podamos conseguir alguno en los mercados de estos rumbos, pues no se están produciendo ya.

—Pero, más vale estar prevenidos —replicó la doctora Del Campo, sintiéndose aludida—; explique lo que le piden para que los campesinos y los consumidores se enteren de los peligros a los que están expuestos con tanto desorden genético.

—¿Cuáles peligros? —replicó el doctor Flores medio enrojecido—, si es la misma planta con sólo dos genes adicionales de entre las decenas de miles que tiene. Pero..., creo que empezaré nuevamente desde el principio.

—A ver, sí, pero sólo díganos cómo llegaron esos genes allí —pidió el diputado Filomeno.

—De acuerdo, la introducción de nuevos genes en los cultivos tiene que ver con algo muy común que se observa en el campo: los daños que causa una bacteria denominada *Agrobacterium tumefaciens*, que normalmente forma tumores en las plantas, por ejemplo, en los viñedos. Cuando *Agrobacterium* invade una planta, le inyecta segmentos de su propio material genético, su ADN, en algunas de sus células. Entonces, como una verdadera extorsionista, la bacteria se apodera de las funciones de las células vegetales infectadas y las obliga a producir las sustancias que *Agrobacterium* requiere. La biotecnología moderna ha aprovechado este proceso natural de transformación genética para hacer ingeniería molecular, primero "desarmando" a la bacteria; es decir, eliminándole los genes malignos que promueven los tumores y dejándole sólo la información genética que le da la capacidad de inyectar genes en la planta. Es así como en vez de introducir los genes malignos a algunos cultivos, el *Agrobacterium* modificado introduce dos genes nuevos puestos ahí por el hombre, uno que sirve para poder reconocer a las plantas modificadas en forma segura y otro, que va pegadito al anterior, es algún gen que le da a la planta una nueva característica. En el proyecto en el que yo trabajé, éste era un gen que le da al jitomate la capacidad de madurar más lentamente.

—Hasta de veras parece que los jitomates son suyos; ¿también le hace así para meter el gen que le permite al maíz amarillo producir una proteína que acaba con los insectos? —preguntó una reportera que movía su grabadora de un sitio a otro del foro.

—Así es —aseguró Flores, y agregó—: es el mismo procedimiento, aunque hay otros; sin embargo, el jitomate fue la primera especie vegetal modificada genéticamente, aprobada para producción comercial y consumo humano.

—Y ¿de dónde sacaron ese gen "retardador"? —insistió la reportera ante el interés de los demás.

—En este caso, el nuevo gen no proviene de otro organismo; es igual a uno que ya tiene la planta pero que se sintetizó químicamente en el laboratorio.

—Pero válgame, ¿si ya lo tiene la planta para qué fabricaron otro? —espetó alguien enfrente.

—Ahí está el detalle —prosiguió Flores, ya visiblemente entusiasmado—; este gen se hizo con la secuencia de letras del código genético al revés. Hasta donde se sabe, el gen "invertido" bloquea la expresión del gen "derecho" y la proteína que se debería producir a partir de su mensaje, simplemente no se fabrica. Ésta es una forma de modificar una planta, bloqueando una de sus funciones con métodos moleculares; a ésta en especial le llamaron *tecnología antisentido*.

—¿Antisentido?, eso es justamente lo que están haciendo, yendo contra el sentido de la naturaleza, porque....

—Le agradecería al representante de la organización Amigos Terrenales que esperara su turno a la palabra —lo interrumpió el diputado Sánchez Sánchez.

—De la Tierra —corrigió molesto el representante de la ONG.

—¡Vaya que tiene sentido! —respondió el doctor Flores—. La compañía estimaba que este jitomate, bautizado como "*fleivor-seivor*" (FlavrSavr) —dijo adornándose—, ocuparía una cuarta parte del mercado estadounidense del producto fresco, algo así como 4 mil millones de dólares, y un tercio de ese mercado sería de puras utilidades, ¡imagínense! Y es que el jitomate ya no tendría que ser cosechado muy verde y madurado posteriormente en cuartos con gas etileno, como se hace ahora, por lo que, además, se reducirían las pérdidas por el jitomate aguado y apachurrado.

—Bueno, pero aparte de toda esa química y esos negocios —dijo el productor con desenfado—, dígame, ¿por qué madura más lento?, ¿qué fue lo que le cambiaron a esa variedad?

—Eso no lo saben, o es información secreta patentada por la compañía—, intervino la doctora Del Campo con suficiencia, antes de que Flores pudiera contestar.

—No se crea, doctora, eso se publica y se analiza abiertamente; la apropiación es otra cosa, pero déjeme continuar —se volteó hacia la audiencia y comentó—: les decía que los jitomates tienen que dejar de producir una proteína en el fruto que se llama *poligalacturonasa* (PG). Esa proteína, que es una enzima, es parcialmente la causante de que el jitomate vaya madurando y se ponga aguado al final, cuando ya es consumible. Como éstos, miren —dijo tomando un par de jitomates bastante deteriorados que llevaba en una caja, como si hubiese previsto que iba a requerir una demostración visual—, ¿cuáles de éstos compran ustedes en el mercado? —preguntó al público mostrando en una mano el par de jitomates aguados y en la otra un par de jitomates de muy buena calidad.

—Pues los bonitos, los que están duritos, ¿no? —respondió la señora del grupo de vendedoras, señalándolos y riendo con sus compañeras.

—¿Sabe cuánto jitomate se desperdicia en el campo, en los camiones y en los puestos, por el ablandamiento? —les preguntó genéricamente Flores sin esperar la respuesta—, pues ese jitomate sin su PG tarda unos días más en madurar, suficiente como para reducir las pérdidas de cientos de miles de jitomates. ¿No creen que nos convendría esa misma aplicación con aguacates, mangos, papayas y tanta fruta que se echa perder antes de que pueda distribuirse? —preguntó dirigiéndose a la doctora Del Campo, quien no quitaba la vista de los jitomates.

—Espéreme, pero usted comentó que había otro gen para reconocer a las plantas transformadas, ¿para qué más genes, si ya tiene el mero bueno? —intervino el diputado Sánchez Sánchez, quien ahora tomaba notas sobre la información que daba Flores.

—El otro gen es lo que se denomina un marcador; una especie de etiqueta —respondió sonriendo Flores—, que hace a las células de la

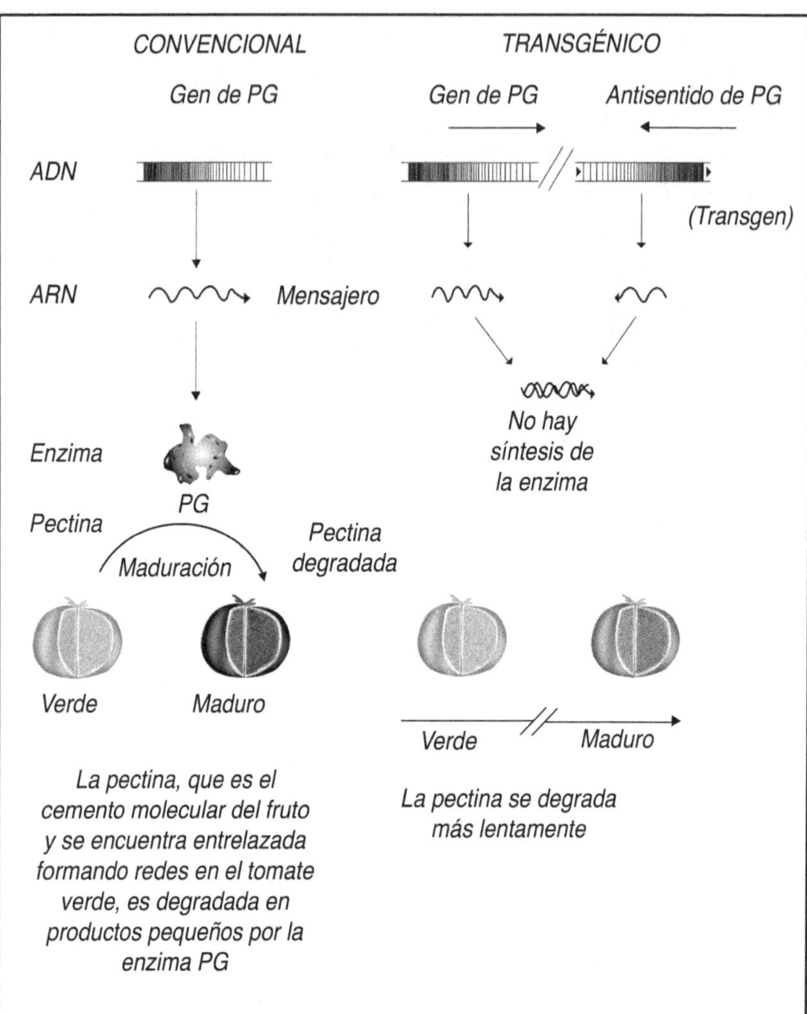

Figura 5. *Los jitomates convencionales maduran por la contribución de un gen que produce la enzima poligalacturonasa (PG), que degrada la pectina que le da firmeza a la pulpa en su interior. En las variedades transgénicas de "maduración retardada", esta enzima no se produce, debido a la acción de un gen "antisentido" introducido, cuyo mensaje se deriva del gen original e interfiere en su expresión. Así, el fruto puede durar más tiempo en buen estado si se almacena adecuadamente.*

planta resistentes a un antibiótico; así, cuando las plántulas se cultivan en un medio que contiene el antibiótico, sólo pueden crecer aquellas que, gracias a la transformación, se volvieron resistentes al antibiótico, ya que...

—He ahí uno de los meollos del asunto —interrumpió la doctora Del Campo enfáticamente—, pueden hacer a todo mundo resistente a los antibióticos.

—Pues sí —admitió—, aquí hay algo controversial, pero conviene aclararlo. En primer lugar, hay cientos de antibióticos y ninguno de los que se utilizan en este proceso debería ya usarse para curar personas. Además, habría que empezar por aclarar que el efecto sería sobre los bichos que traemos en el intestino. Ellos son los que podrían adquirir la resistencia al antibiótico. El meollo, como dice la doctora Del Campo, es que muchos de estos bichos no son dañinos y no sería una desventaja. Ahora, para que esto ocurriera, se requeriría que el gen que da la resistencia al antibiótico en la comida viajara intacto, sin romperse, a través del estómago (cosa que con las enzimas y la molienda digestiva se ve difícil), hasta el intestino. Si lograra hacerlo, estaría acompañado de muchos otros trozos de ADN, que también podrían quedar intactos, por lo que todos los genes de la comida serían una amenaza potencial para las bacterias del tracto digestivo.

—A ver si estoy entendiendo —intervino el diputado Sánchez Sánchez moviendo la cabeza—; es obvio que los genes de los alimentos no se combinan con los míos, de otra forma ya sería yo más planta o más animal.

Se oyeron risas discretas entre el público, pero Sánchez continuó haciendo un extraño sonido gutural como señal de molestia:

—¿A poco cualquier pedazo "pelón" de ADN puede entrar en una bacteria?

—Pues fíjese que sí —aceptó el doctor Flores, ante el asombro de todos—. Está demostrado que esto puede suceder, pero en condiciones muy especiales. Es decir, se requiere que las bacterias se encuentren en un estado especial denominado *competente*, y esa circunstancia es tan poco frecuente, que se puede decir que no sucede. Si no fuera así, habría un riesgo de contaminar a todos los bichos del intestino con todos los genes de nuestros alimentos.

—De acuerdo, esto concuerda con lo que expuso hace unas horas el profesor Soto, microbiólogo de la Facultad de Química de la UNAM —recordó el diputado—, en el sentido de que entre las especies de bacterias que residen en el tracto intestinal y que pueden hacerse competentes destaca la llamada *Streptococcus*, causante de irritaciones y diarrea. Nos dijo el profesor Soto que, dadas las condiciones en nuestras tripas, el posible evento de transformación genética de las bacterias sólo podría ocurrir en el colon o en el intestino grueso.

—Además, hay que ver —dijo Flores—, que si bien la generación de bacterias resistentes por esta vía puede ocurrir, dada la cantidad de ADN de jitomate que uno se come, y lo difícil del trayecto hasta el colon, esto sucedería con una frecuencia bajísima, por lo que no representa ningún riesgo para los seres humanos.

—Si hablamos de frecuencias —musitó la doctora Del Campo—, no estamos en la misma; esto es de cualquier forma un riesgo innecesario para la población.

—Déjenme ponérselos de otro modo —atajó de nuevo Flores—: allá en la compañía donde trabajé, después de muchos estudios estimaron que una milésima parte del ADN del jitomate que se come, podría pasar intacta. En el peor de los casos, por cada mil personas que comieran el promedio diario usual de jitomates, ¡sólo una bacteria se volvería resistente al antibiótico! Tanto rollo y resulta que hay más bacterias resistentes en el tracto intestinal producto de mutaciones naturales, demostrado con un simple análisis microbiológico en heces humanas, los llamados copros.

—Pero ¿por qué aceptar un nivel de riesgo adicional en nuestros alimentos? —preguntó ahora la reportera, aprovechando el silencio de los demás y la impaciencia de los activistas.

—No es el único riesgo, estoy de acuerdo, pero en lo que toca a la salud pública —respondió Flores prosiguiendo con su "cátedra"—, que haya microbios resistentes a los antibióticos se debe al abuso en su consumo. Esa sí es una forma de generar bacterias (y de las malas) resistentes a uno o varios antibióticos; y, a ver, ¿por qué no hacen sus campañas para prohibir el uso de antibióticos? —concluyó, dirigiéndose a la doctora Del Campo.

—Así que por ese lado no los bloquearon, ¿no es cierto? —intervino la reportera—, pero, ¿y los otros riesgos a la salud que usted mencionó?

—Bueno, pues total, después de tres años y medio de estudios para descartar alguna toxicidad en el producto, la FDA dio permiso a Calge-ne de comercializar los jitomates, y el primer empaque salió a la venta el 21 de mayo de 1994.

—No se haga, ¿qué pasa con la nueva proteína que lleva el jitomate?, ¿cómo saben que no hace daño? —preguntó de nuevo la reportera.

—Claro, ahí la cosa es más sencilla y... más difícil —respondió de nuevo Flores.

—Me interesa la parte difícil —comentó la reportera con sorna.

—Pues mejor empiezo por lo fácil —dijo Flores—. Precisamente, en el jitomate de maduración retardada no se produce ninguna proteína nueva, pero si la tuviera —como otros ejemplos, el maíz BT, la soya resistente a herbicidas, las calabazas resistentes a virus— pues inicialmente se toma esa proteína en forma purificada, para no aburrir a los animales con tanto jitomate y se les alimenta con dosis muy altas. Después, se analiza su estado de salud y, posteriormente, al sacrificarlos, se ve la integridad de todos y cada uno de sus órganos. Así es como se ha venido haciendo desde hace ya varias décadas para evaluar cualquier nueva sustancia que se desea incorporar a los alimentos.

—¿Y cuánta de esa proteína purificada les dan? —preguntó una vez más la reportera.

—De la proteína purificada les dan muchísimo. Imagínese, señorita —comentó con énfasis el ahora desempleado—, usted tendría que comer de tres a cuatro toneladas de jitomate modificado al día, para ingerir la misma cantidad de la proteína que les daban a los animales en su dieta. Así es que si no les hace daño a ellos, se puede concluir que el riesgo que usted corre es casi inexistente.

—Lo que nosotros exigimos —intervino la doctora Del Campo—, es justamente que se analice todo el jitomate, no sólo sus nuevas proteínas. No sabemos si con esta modificación genética se altera la expresión de otros genes que hagan que el alimento se vuelva inseguro.

—¿Esa es la parte difícil? ¿O cuál es el problema para probar un alimento nuevo? —preguntó la reportera, dirigiéndose a uno y otro.

—Cada alimento tiene miles de compuestos, y algunos de ellos son tóxicos. Por eso dicen por ahí que todo alimento es un tóxico potencial —contestó Flores—, para elaborar pruebas con animales en el caso del jitomate, habría primero que elaborar una harina seca para que los animales no tomen tanta agua del fruto. Pero aún seca, la máxima do-sis que podrían tolerar sería de unos diez o doce jitomates al día, pues con más que eso se empezarían a enfermar por el exceso de minerales en la dieta, en particular por el potasio. Además hay que inyectarlo al estómago, pues ningún animal en su sano juicio come tanto jitomate. De ahí que, como base para empezar la evaluación, haya surgido un criterio denominado *equivalencia sustancial*. Asumir, como hipótesis, que los jitomates modificados son equivalentes a los tradicionales y, a partir de ahí, observar cualquier diferencia significativa.

—Pues que quede claro que nuestra organización no acepta este principio de equivalencia sustancial —dijo poniéndose de pie la doctora Del Campo—; insistimos en que todo alimento transgénico se trate como si fuera nuevo, como si se acabara de descubrir. Para nosotros son un riesgo hasta que no se demuestre lo contrario.

—Me parece pertinente aclarar que, al final de cuentas, varias recomendaciones internacionales van en el sentido de analizar los alimentos caso por caso, de regular en función de los productos, sin importar los procedimientos mediante los cuales se obtienen —aceptó el diputado Sánchez Sánchez—. Parece que hay productos donde la cosa se ve fácil, pero en otros podría haber efectos más profundos, como son cambios en otras sustancias, en la proporción de sus componentes, tanto los benéficos como los tóxicos, que sé yo... y claro, por los impactos que pudiera haber en el medio ambiente, todo nuevo producto debe ser sujeto a un escrutinio mínimo aunque parezca muy seguro. Considero que la base para iniciar la evaluación debe ser aceptar el principio de la equivalencia sustancial, que ya había sugerido la persona que leyó esta mañana las conclusiones que a este respecto ha hecho la Organización Mundial de la Salud de la ONU.

—Ajá, yo creo que esta es una postura más razonable; mas allá que la del todo o nada, y que contrasta con la que muchos grupos están impulsando, haciendo campañas de alerta o denuncia en supermercados, vestidos como si manejaran material radiactivo; destruyendo cultivos y saturando los espacios en la prensa —comentó, micrófono en mano, un estudiante de veterinaria—. Hablando concretamente de los problemas que señalaban hace un momento, se sabe que el jitomate tiene una sustancia tóxica que se llama *tomatina*, y que lo primero que verificaron, según afirmó el profesor Soto antes, fue que en el jitomate modificado no subiera la concentración de esta sustancia.

—Sí, sí, pero fíjense lo que son las cosas —advirtió Flores, recordando las causas de su despido de la compañía—. Los jitomates tuvieron otro tipo de problemas. Cuando los primeros camiones cargados de jitomate transgénico llegaron desde el norte de México hasta Chicago, estaban tan aguados como los no modificados. O sea... que los jitomates debían transportarse con el mismo cuidado y costo que los convencionales, pues aunque modificados, tampoco resistían las inclemencias del viaje. Pero no fue eso todo: la producción típica de jitomates es de unas cuatro mil cajas por hectárea. Dada la mayor calidad supuesta de este jitomate que se comercializó bajo la marca McGregor, se podría aceptar una disminución en el rendimiento. Sin embargo, la productividad del jitomate de Calgene alcanzó cuando mucho las 1,600 cajas por Ha, 800 en promedio, y de éstos, sólo 20% eran de la calidad esperada para el McGregor. ¿Todo por qué? —se preguntó compungido—, pues porque las variedades usadas como base para el jitomate McGregor de maduración retardada no eran ciertamente las más adecuadas. Sus rendimientos eran malos en California y en México, y pésimos en Florida. En algunas zonas, las hojas de la planta no eran suficientes para dar protección solar, mientras que en otras, eran acabadas por las plagas. Simplemente se descuidó la necesidad de utilizar el tipo de plantas adecuadas para cada región. La puntilla se la dio otra compañía, la LSL (Long Shelf Life, traducido "vida larga en anaquel") que sacó una mutante tradicional, no transgénica, que también tenía inhibida la maduración. Se produjeron híbridos de esta última con otras variedades locales y, al adaptarse bien, cavaron la tumba del FlavrSavr; luego Monsanto compró Calgene, y a mí ya no me renovaron la visa de intercambio y me regresé a México. Como ven, una cosa es la inocuidad del alimento y otra cómo se integra éste a la cadena alimentaria. En realidad —suspiró—, antes de aprender a modificar genéticamente jitomates, hay que aprender a cultivarlos y a empacarlos.

6

Soy bean

Los dos jóvenes rubios vestían de manera similar. Pantalón gris Oxford, camisa blanca bien planchada aunque de manga corta, sin saco, pero con una corbata que se puede decir que alguna vez fue azul. Llevaban ambos un portafolio, lleno de libros y propaganda. Se detuvieron frente al número 38 de la calle de Pirul. Consultaron sus notas y tras un breve intercambio de miradas, tocaron el timbre de la casa.

Segundos después, abría la puerta un hombre ya entrado en años que vestía en short, huaraches y una camiseta de algodón que portaba la leyenda: "100% orgánico". De una mirada creyó adivinar la intención de los dos jóvenes y antes de que pudieran decir una palabra les recitó.

—En este hogar somos guadalupanos y no comulgamos ni en misa, así que mucho menos con sectas u organizaciones que limitan el espíritu humano, pretenden coartar su libertad y lo humillan en aras de un mundo feliz, según revelación de un iluminado. Así que mis queridos profetas de ese mundo: ¡que tengan un buen día!

Cerró la puerta pero se quedó perplejo por la frase que alcanzó a escuchar.

—Somos Testigos de la Soya, y queremos robarle unos minutos.

Sorprendido de lo que había oído, abrió la puerta de nuevo y preguntó para cerciorarse de haber entendido correctamente:

—Que son ¿qué?

—Testigos de la Soya —repitió sonriente uno de los jóvenes—, pertenecemos a una organización internacional que colabora con la salvación del mundo a través de una buena alimentación. Si nos permite unos minutos no se arrepentirá. Lo que aquí traemos puede cambiar radicalmente su vida. Usted puede sanar y encontrar el verdadero camino de la salud. Todo lo que tiene que hacer es conocer esta planta, interesarse por ella y aceptarla en su vida para empezar a experimentar cambios muy positivos.

El hombre de la camiseta sonrió incrédulo. Volteó para todos lados buscando alguna cámara escondida, pero la calle se encontraba vacía.

—¿Qué clase de broma es ésta? —preguntó—. ¿Los manda Gobernación, o la Procu?

Pensó que todo esto podía estar relacionado con su activismo político como miembro de la ONG "Todo Orgánico", un grupo que, entre otras demandas, se oponía de manera radical al consumo de alimentos modificados genéticamente en México.

Pero no era así. Los jóvenes mostraron sus acreditaciones que, en principio, los identificaba como miembros de la asociación Testigos de la Soya, y cuyo logotipo era un par de frijoles de soya de los que emanaban rayos de luz en todas direcciones. Después de un breve intercambio de palabras y acreditaciones, el hombre decidió dejarlos entrar en casa y, divertido, enterarse en qué consistía su misión salvadora.

—Yo soy Bean y mi compañero es Jack Soyeiro, pero le apodan el "Frijol" en nuestro grupo, aquí en México —dijo el más alto de los dos.

—Pues adelante; yo soy Arturo del Bosque, pero me dicen "El organista"; soy maestro de biología y colaboro con varias organizaciones ecologistas —respondió el anfitrión, al tiempo que los conducía hacia la sala de su casa—. Espero que no demoremos mucho pues tengo una manifestación dentro de una hora en el Ángel de la primera Independencia…, de la primera porque, como decimos en el grupo, la segunda todavía va a tardar un poquito.

Los estadounidenses se miraron extrañados, pero se prepararon a exponer los fundamentos de su causa, al tiempo que entregaban a Arturo material impreso y unas bolsas con productos procesados.

—Nuestra organización nació hace ya varios años —comenzó Bean—, cuando un grupo de estadounidenses empezó a difundir las buenas nuevas: no todo mundo debía morir obeso y con las arterias coronarias bloqueadas de grasa cuando La Verdad estaba al alcance de todos; de hecho, llegó del Lejano Oriente, pero ya tiene años en nuestra tierra. Ahí estaba, pero no la habíamos visto: ¿quieres transformar tu realidad?, ¿quieres dejar los hábitos que te encadenan? La solución es muy simple: incorpora la soya a tu vida.

Arturo sonrió divertido. Él mismo había participado en programas de nutrición en los que se llevaba soya a comunidades pobres por todo el país. Con promotores sociales de diversas instituciones, enseñaban a las mujeres a cocinar un preparado de frijol de soya, para elaborar toda una gama de platillos texturizados. Explicó rápidamente a sus visitantes cómo la gente guisa albóndigas, cebiche, enchiladas y, en fin, un montón de productos en los que la soya sustituye a la carne sin que el producto pierda su sabor, textura, y, sobre todo, su calidad alimenticia, ya que contiene gran cantidad de proteína de muy buena calidad.

—Yo mismo consumo leche de soya todas las mañanas en el desayuno —concluyó señalando hacia la cocina, en cuya alacena tenía bolsas de un producto similar al que los estadounidenses le obsequiaban.

—Pretendemos, al igual que usted, que la soya deje de ser sólo una fuente de proteína para la alimentación animal o de aceite para freír alimentos y se convierta en un producto básico para la alimentación humana, pero la gente vive en la oscuridad y es difícil que deje su apego a los malos hábitos de consumo —respondió Bean lamentándose.

—¿Y conoce usted los avances más recientes en materia de salud? —preguntó ahora el "Frijol".

—Pues no, no sé exactamente a qué se refieren —respondió Arturo—, pero platíquenme.

—Debe saber que la soya contiene no sólo una excelente proteína, sino otras sustancias que la convierten en un alimento que hace milagros. Tiene isoflavonas que previenen las afecciones del corazón y diversos tipos de cáncer. En China, por ejemplo, el riesgo de contraer cáncer de mama es de tan sólo diez por ciento frente al que están expuestas las estadounidenses. Otros compuestos que se encuentran en muy pequeñas cantidades en la soya, es decir en el orden de partes por millón, pero que le dan su carácter anticancerígeno son antioxidantes como la genisteína, el fitosterol y el ácido fenólico. El primero reduce el desarrollo de las células del cáncer de próstata. Además de ser antioxidante, inhibe algunas enzimas relacionadas con el desarrollo de la enfermedad y estimula el sistema inmunológico. Por si fuera poco, dis-minuye el colesterol asociado con las LDL (lipoproteínas de baja densidad), conocido como *colesterol malo*, y aumenta la concentración de las HDL (lipoproteínas de alta densidad), que es el *bueno;* aumenta, también, la excreción de bilis y mejora la absorción de calcio en los huesos. Tiene vitamina E, otro potente antioxidante, y lecitina, una sustancia a la que se le atribuyen diversas funciones de gran utilidad en el organismo, como son el funcionamiento renal y el hepático, la memoria y hasta el desempeño atlético. Yo estoy convencido de que la soya es el maná enviado de nuevo a los pobres de la tierra —concluyó el "Frijol".

Tabla 3. Algunos beneficios de la soya en la salud.
La soya contiene 40% de proteína.
Provee la mayoría de los aminoácidos esenciales.
Contribuye a reducir el colesterol sanguíneo.
Contribuye a reducir las pérdidas de calcio y, por ende, la posibilidad de padecer osteoporosis.
La incidencia de ciertos tipos de cáncer es menor en países consumidores de soya. Por ejemplo, la muerte de mujeres por cáncer de mama y de hombres por cáncer de próstata es cuatro veces superior en Estados Unidos e Inglaterra, que en Japón. Esto se atribuye a su contenido de isoflavonas, que actúan como "es-trógenos débiles". Los estrógenos son un tipo de hormonas que nuestro cuerpo produce y las isoflavonas muestran una potencia mil veces inferior a la de los estrógenos, aunque compiten con éstos y bloquean su efecto fisiológico. La genisteína es la principal isoflavona presente en la soya. 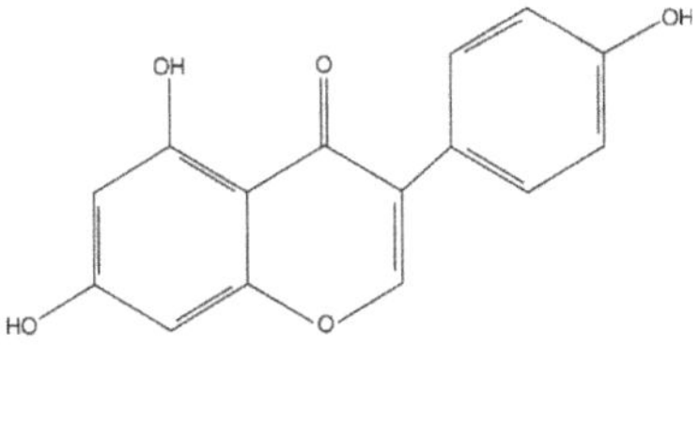 *Estructura química de la genisteína, una isoflavona de la soya*
En Estados Unidos una de cada cuatro muertes es por cáncer, y en México, esta enfermedad ocupa el segundo lugar como causa de muerte entre la población adulta.

—Y, ahora, se ha introducido una nueva mejora. El hombre ha hecho milagros con el milagro al mejorar las condiciones en las que se puede producir en el campo, mediante el desarrollo de una soya transgénica —agregó Bean.

Arturo casi se cae de la silla, en cuyo borde se balanceaba mientras oía interesado al "Frijol".

—¿Cómo que transgénica? —preguntó mientras analizaba y olfateaba la muestra que le habían obsequiado, casi arrepentido de haberlos dejado entrar—. ¿En dónde se está sembrando soya transgénica? —preguntó un poco molesto.

—Bueno —contestó Bean extrañado, pues pensaba que esto ya lo sabía su anfitrión—, en el mundo se siembran ya más de 50 millones de hectáreas con plantas modificadas genéticamente, en especial, en Estados Unidos, de las cuales un poco más de la mitad corresponden a soya, por lo que es el cultivo más importante. Hasta ahora la variedad que más se siembra es la resistente a los herbicidas; una en particular, la que tolera al glifosato como agente activo. El glifosato es un herbicida tres veces menos tóxico que los convencionales y su tiempo de vida en el ambiente es de la mitad.

—¿Y cuántos se han intoxicado? —preguntó Arturo, tratando de pasar a la ofensiva.

—¿Qué quiere decir? —preguntó extrañado el "Frijol"—. En Estados Unidos se han llevado a cabo más de 1,800 pruebas experimentales verificando no sólo el beneficio directo de esta modificación genética, sino también las ventajas características de la soya.

—Pero la mejor prueba —aportó Bean— es que a tres años de consumo en el Japón, uno de los más altos del mundo, no se ha presentado un solo caso de intoxicación o de enfermedad. Vaya, ni temblores ha habido —concluyó riendo.

A Arturo no le hizo gracia. Frunció el ceño y sentenció:

—Con esas modificaciones, van a destruir el medio ambiente; el polen escapará creando supermalezas que además afectarán a otros cultivos.

—En efecto —admitió Bean sereno—. Es evidente que se puede crear resistencia a los herbicidas. Eso ha sucedido desde que aparecieron en el mercado. Ha sido la historia de siempre... se genera resistencia a los herbicidas y la industria tiene que diseñar una nueva alternativa. Pero los nuevos herbicidas son cada vez más amigables con el medio ambiente. Las restricciones para aplicar un producto en el campo son cada vez mayores y el riesgo de que la soya escape y crezca de manera incontrolada es muy pequeño como para preocuparse, ya que es una planta domesticada que sólo se adapta a campos agrícolas.

—Incluso algunos verían con agrado que en sus terrenos creciera espontáneamente soya, maíz, tomates, o lo que fuera —agregó sonriente el "Frijol"—, pero eso pudo haber sucedido desde hace cientos de años; finalmente, ¿de qué le serviría a esa maleza ser resistente al herbicida si seguramente nadie se lo va a aplicar fuera de los cultivos comerciales? Es muy probable que esa información genética se pierda entonces con el tiempo.

—En realidad a ustedes no los mueve ningún espíritu altruista —dijo molesto Arturo, como queriendo concluir la entrevista—. Qué testigos ni qué nada. Ustedes más bien son agentes de la Soya & Co., alguna de esas multinacionales que buscan apoderarse de nuestro campo.

—Bueno, eso lo podríamos discutir aparte; incluso tenemos donativos como los que sostienen a algunas organizaciones ecologistas, también multinacionales —comentó Bean—. Pero fíjese: Japón importa el 95% de la soya que consume, pues no cuenta con suficiente terreno para la producción; incluso los europeos, que no quieren consumir transgénicos, importan pasta de soya transgénica para la alimentación animal. Ustedes, en México, tienen el terreno y sin embargo importan millones de toneladas de alimentos, mientras que la población sigue aumentando y padeciendo deficiencias alimentarias. Sólo de maíz, tendrán que importar más de 6 millones de toneladas este año; y de soya, más de 4 millones para alimentación de ganado. Nosotros quizás acabemos haciéndole la tarea a algún interés económico, pero, sinceramente, creemos en esta alternativa, como solución para empezar a romper el círculo vicioso de desnutrición, enfermedad, falta de educación, subdesarrollo, etcétera.

—¡No marchen! —reclamó Arturo, francamente irritado—. No me vengan ahora con que para la gente mal alimentada es una ventaja que la compañía que produce la semilla de soya también le venda el herbicida y obligue al productor a entrarle al "paquete tecnológico". Esa es una estrategia de mercadotecnia, ¿no?

—Yo creo que esa es una forma parcial y poco informada de ver las cosas —respondió Bean, siempre sin perder la tranquilidad—. ¿Sabía usted que de 1996 a 1999 se redujo en Estados Unidos un 60% la pre-sencia de restos de herbicidas en los mantos freáticos y, además, disminuyó a 10% su consumo? Parece mala la estrategia si el objetivo era vender más, ¿no?

—Y, además, esa es sólo una forma de ver las cosas —respondió el "Frijol", empezando también a perder la calma—; ¿ya preguntó a los productores qué es lo que más les conviene?, ¿ya exploró qué políticas tiene el gobierno y qué están haciendo los funcionarios en la materia? Y, finalmente, en vez de enfocar el problema desde el punto de vista económico y social, esta postura que ataca a la tecnología y a la seguridad de los productos, ¿no afecta también los esfuerzos locales por investigar y desarrollar tecnologías alternas?

—Bueno, calmémonos un poco —intervino Bean—. Le sorprendería la amplia gama de opciones que ofrece la tecnología de ADN recombinante en favor de la soya. Existe actualmente a escala experimental al menos media docena de variedades modificadas genéticamente con distintas propiedades, algunas de impacto directo en el consumidor.

—¿Quiénes las experimentan, eh? —preguntó Arturo sin cambiar el tono—: ¿Pioneer, DuPont, Monsanto, AgrEvo...?

—¿Pues quién más? —respondió el "Frijol"—, ¿pero sabe usted de los esfuerzos de otras compañías como Zeneca-Syngenta que ha estado desarrollando un arroz con mayor contenido de vitamina A, más accesible para los productores? ¿O de los esfuerzos de las instituciones en su país, como el Centro de Investigación y de Estudios Avanzados del Politécnico, el CYMMYT en Texcoco, el Centro de Investigación Científica de Yucatán, la Universidad Nacional Autónoma de México, y varias otras? ¿Se trata de renunciar a esta opción científica y técnica? ¿Es tan difícil considerar una estrategia que, aun cuando reconoce las limitaciones actuales, permite aprovechar la tecnología para resolver el problema de la alimentación, al tiempo que contrae un verdadero compromiso con la ciencia nacional? O qué, ¿de plano no habrá otra opción que seguir en el subdesarrollo?

—Además —dijo Arturo, desconcertado por la dirección que había tomado la reunión—, no nos hagamos, a la gente no le gusta la soya, pues luego ya no puede controlar los gases y, en eso, los mexicanos somos muy delicados.

Los tres rieron, aunque la intención de Arturo no era romper la tensión.

—Pues para su sorpresa, las variedades modificadas genéticamente en estudio tienen diversas características; entre ellas, una mayor aceptación del consumidor, y le voy a dar sólo dos ejemplos —comentó Bean, todavía sin dejar de sonreír por el asunto de los gases—. La estaquiosa es un azúcar de la soya y del frijol común que, al llegar al intestino, como no es digerida por las enzimas en el trayecto, acaba siendo consumida por los microorganismos que allí habitan, y que son los que generan, como producto de la fermentación, los gases a los que usted se refiere. Una nueva variedad de soya modificada genéticamente tiene interrumpida esa vía biosintética del metabolismo y acaba produciendo sacarosa, el azúcar de mesa, en vez de estaquiosa.

—Vaya, con ustedes, ya no lo dejan a uno tranquilo ni con sus gases —comentó incómodo Arturo.

—No, pues si de lo que se trata es de hacerla de tos, para eso parece que usted se pinta solo y no necesita soya modificada —dijo tajante el "Frijol".

Pero Bean continuó antes de que Arturo pudiera reaccionar:

—El otro ejemplo es el aceite de freír. Usted quizás no lo sepa, pero desde hace varios años la industria aceitera se dedica a extraer estos compuestos, que son como cadenas de carbono con hidrógeno, a partir de diversas oleaginosas, incluida la soya y el maíz. Generalmente estos aceites se *hidrogenan* aún más mediante un proceso químico catalítico. La idea es convertir la grasa poliinsaturada en saturada, agregando hidrógenos a todos los enlaces de los carbonos en las moléculas de los ácidos grasos que formaban enlaces dobles en una grasa insaturada. Cuando el aceite queda saturado, no solidifica y es menos susceptible a la ranciedad, que produce ese sabor amargo y persistente que a nadie gusta. De este modo, la industria sustituye la manteca animal y los aceites del trópico (el de coco y el de palma), con aceites vegetales más baratos, que no se enrancian fácilmente, pues son bastante saturados. El problema es que se ha observado que el proceso químico de hidrogenación provoca que una parte de ciertos ácidos grasos, en particular el llamado oleico, se obtengan con una estructura interna que es tóxica (*trans* en vez de *cis*); además, al igual que los aceites saturados, promueven la formación de colesterol, asunto del que ya hablamos.

Ya encarrerado pero ecuánime, prosiguió:

—Los nuevos aceites para freír podrán obtenerse directamente de la planta, como uno que está ya en el mercado y que tiene un bajo contenido de ácidos poliinsaturados: un alto contenido de ácido oleico (65-75%) que es monoinsaturado; es decir, cuenta con un solo enlace doble entre dos carbonos de la cadena, y tiene menos del siete por ciento de sus ácidos grasos saturados, como en la grasa animal.

—Creo que ya había oído hablar de eso —respondió Arturo—, sin tanto detalle, pero algo decían sobre "aceites a la carta". Hacer una grasa como la del coco o la del chocolate, empleando una planta como la soya o la canola, simplemente modificando su metabolismo. ¿Y luego, qué vamos a hacer con el chocolate y el coco, por ejemplo?

—Pues eso habría que preguntarse justamente —respondió el "Frijol"—, ¡pero con urgencia!, pues así como la gente está dispuesta a pagar dos o tres veces más caros los productos que llaman "orgánicos", poco a poco también aceptará otras opciones que a todas luces mejoran su salud, el medio ambiente y, desde luego, su bolsillo.

—¿Y a poco tiramos a la basura a los productores? —preguntó Artu-ro, nuevamente alzando la voz.

—No se trata de eso —respondió Bean—, sino de analizar caso por caso, cada producto, y tomar las decisiones pertinentes: unas veces predominarán aspectos sociales, otras, los ecológicos, y otras más, los tecnológicos. Digamos que finalmente la llegada de la fibra sintética no acabó con la producción de algodón. Creo que, como en mi país, aquí también hay sectores que deben protegerse. Pero no se puede proteger a todos, pues una parte de tu país es altamente competitivo y moderno.

—¿Una parte?, al menos reconoces que las negociaciones son en condiciones desfavorables —dijo Arturo, satisfecho del comentario de Bean, y agregó—: a propósito de defender a toda costa los intereses de un sector, me acordé de otro caso biotecnológico de gran impacto que, en buena medida, echaron abajo los mismos productores de soya.

—¿A qué te refieres? —preguntaron los Testigos casi al unísono y en tono de incredulidad.

—Pues al de la proteína unicelular, ¿recuerdan? Fue allá en los años setenta y ochenta, justo cuando las técnicas de la biología molecular arrancaban. En varios países, sobre todo en Inglaterra, se construyeron grandes plantas para producir bacterias y levaduras, empleando los más diversos sustratos. Recuerdo, en particular, el caso del metanol o el de las melazas de caña. Se trataba de usar esa proteína en la alimentación animal, y dejar el grano para la humana. Hubo fábricas que producían hasta 50 mil toneladas al año. Y todas, una a una, fueron cerrando. ¿Saben por qué? —les preguntó, consciente de que ahora él llevaba la discusión.

—Pues probablemente porque la proteína unicelular era más cara que la vegetal. Recuerdo que las últimas fábricas, ubicadas en los países socialistas, cerraron al caer el Muro de Berlín y abrirse las fronteras —respondió Bean.

—Así de simple —admitió Arturo, ante la mirada sorpresiva del "Frijol", quien parecía apenas enterarse del caso.

—Pero en aquel entonces... no recuerdo a ninguna ONG que se hubiese levantado en armas contra ese producto biotecnológico —continuó Bean—. Fueron más bien productores de soya quienes encabezaron las campañas en las que se advertía de los efectos cancerígenos de este producto. Se advertía a la gente que acabarían comiendo petróleo o metanol. En fin, que el destino nos alcanzaba. Claro, la proteína unicelular era un poderoso competidor de sus productos.

Después de un breve silencio, Arturo clavó la estocada:

—¿Y saben qué es lo más gracioso?, que el único efecto tóxico que reconoció la industria en la proteína unicelular fue su exceso en ácidos nucleicos, a pesar de que se desarrollaron procesos industriales para eliminarlos.

—Pero, en realidad, fue por la cantidad relativamente alta de nitrógeno, no por los genes como tales —respondió rápidamente Bean.

—Como sea —refutó Arturo—, yo sólo quiero señalar un hecho que ustedes, como Testigos de la Soya, deberían saber. Honestamente, me queda claro que no todo es blanco y negro, sino que depende del cristal con que se mira. Es más, ahora, calladitamente, después de que en 1985 se aprobó en Inglaterra para consumo humano y que 20 millones de británicos la han consumido sin el menor problema, sus compatriotas han solicitado a la FDA la aprobación de la proteína unicelular, que llega a Estados Unidos en forma de "texturizados" con diferentes sabores y aspectos, desde sustitutos de carne de res o de pollo hasta de cereales para el desayuno.

—¿Qué?, ¿ya antes los ingleses comían productos de la biotecnología moderna? —preguntó el "Frijol" incrédulo.

—Exactamente, preparados con el microorganismo *Fusarium venenatum*, ¿cómo la ven? De las cosas que uno puede ser Testigo en este mundo. Así que, amigos, de veras que no sé de qué o de quién nos tenemos que salvar —terminó, al tiempo que se levantaba para despedir a los Testigos.

7

MacPérez y la comida rápida

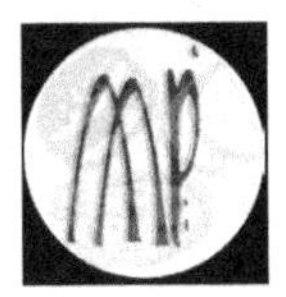

Se llamaba Macedonio Pérez Piña, pero sus amigos le apodaban MacPérez, no sólo porque así lo sugería su nombre, sino también por su afición a los establecimientos de comida rápida. Quizás, por obvio, no sería necesario señalar que al igual que dos terceras partes de la población estadounidense entre la que vivía, desde hacía ya varios años, MacPérez padecía de obesidad. Sus amigos apostaban a que no lograría cruzar de nuevo el Río Bravo y bromeaban diciendo que en realidad él no era obeso, sino sólo un pobre panzón. Aquella mañana no estaba de particular buen humor; porque algunos días antes le habían encontrado el colesterol en 400, cuando debería estar por debajo de 200 mg/dl, y la presión no le bajaba de los 180/130 mm de mercurio, valores que al estar por arriba de 120/80 representan riesgo para el corazón, los pulmones, los riñones y, por supuesto, el cerebro.

No lograba olvidarse del apetito voraz que lo agobiaba, a pesar de haber tomado dos *cokes* (cocacolas) y una bolsa de papas fritas a eso de las diez de la mañana. Afortunadamente los gringos comían el *lunch* a las 12 y no tendría que esperar hasta las dos o tres de la tarde, como se estila en su natal Michoacán. Claro, tampoco había desayunado pensando, erróneamente como muchos, que saltarse comidas era un medio para bajar de peso. Para colmo de males, una vez en el establecimiento, tardó más de media hora en entrar pues un grupo de manifestantes, que vociferaba afuera, amenazaba con clausurar el lugar. Pensó que se debía a la noticia que leyó en el correo electrónico hacía unos días en su trabajo, que aseguraba que la carne con la que se elaboran las hamburguesas en ese tipo de establecimientos provenía de vacas a las que mantenían en cuartos especiales, que ya no poseían extremidades ni cabeza, sino que sólo producían músculo mediante un supuesto procedimiento de la ingeniería genética.

Llegó exhausto al lugar, ya que debió caminar casi tres cuadras al no poder dejar su auto en el estacionamiento del local. No estaba acostumbrado ya a ese tipo de esfuerzos y su cuerpo se lo reclamaba. Como pudo, entró al establecimiento sin escuchar los gritos de los que protestaban con los rostros pegados a las vitrinas, contenidos por un grupo de uniformados, casi todos de origen mexicano, lo que no era común y menos en un estado como Iowa.

MacPérez abrió grande la mandíbula para dar la primera mordida a su *Gran-burguesa*. Fue entonces cuando puso atención a un cartel con la fotografía de interminables hileras de puercos inmovilizados entre dos muros de cemento. Por un lado se apreciaba una banda por la que se imaginó correría el alimento. Un canal en el piso aseguraba una forma de retirar los desperdicios del puerco. La chica que portaba la fotografía, cual pancarta, al notar la atención de MacPérez y que éste no atinaba a morder la hamburguesa suspendida a unos centímetros de la boca le gritó:

—¡Así producen a los puercos hoy en día! ¡Hasta 30 mil en una sola granja! ¡Crecen hacinados entre dos muros y nunca ven la luz del sol! ¡Por el derecho de los animales a la libre circulación! ¡No consumas en este lugar! —concluyó enfurecida, sacudiendo su pancarta.

MacPérez dio la mordida a su hamburguesa, al tiempo que pensaba para sí: "¡Qué burra!, ¿quién le habrá dicho a ésta que las hamburguesas son de puerco?" Sin embargo, puso toda su atención en el sabor de la carne de res que comía, pues era cierto que en lugares sin un riguroso control de calidad era muy fácil sustituir la carne de res de las hamburguesas por soya, o bien, por carne de mala calidad que, al fin y al cabo, como se molía pasaba inadvertida. Y nada qué decir del contenido de grasa, nutrimento con el que libraba una personal batalla.

Un segundo manifestante, allí, justo detrás de la ventana, llamó su atención, sacándolo de sus reflexiones. Se trataba de un joven de aspecto urbano, con una jaula de plástico sobre la cabeza en la que, apretujadas, apenas cabían cuatro gallinas.

"Estos animales viven encerrados, con los huesos rotos, unos sobre otros y jamás caminan. ¿Se imagina usted la calidad de los huevos que consume?". Rezaba la pancarta que portaba en la otra mano.

—¿Cuáles huevos? —se dijo en voz bastante alta—, si ni queso tiene mi hamburguesa.

MacPérez se quedó reflexionando sobre los cientos de millones de toneladas de carne de res y de pollo que se estarían consumiendo en los miles de establecimientos que, como ése, había en todo el mundo. Sin duda en ese momento, alrededor de un par de millones de seres humanos estarían frente a una hamburguesa, papas y un refresco; muchos más que los que estarían frente a un libro. Y con todo, ¿cómo le harían para producir tanto animal? Si bien esto no tenía nada que ver con lo que había leído en el correo electrónico, las condiciones de producción en algunos lugares eran, ciertamente, infames. Pensó que esa era la forma de producir el mayor número al menor precio y con el menor esfuerzo. "¡Alta productividad!", caviló asintiendo con la boca llena después de un nuevo mordisco. Visto a escala mundial, se requieren sin duda esfuerzos muy grandes para alimentar a las seis mil millones de bocas que somos, y se preguntaba si en esto los puercos, las vacas o las gallinas, tenían algo qué decir. Apenas hacía una semana que había comentado el punto con Filemón, su primo segundo, que también había llegado como mojado a las granjas avícolas. Aumentó su malestar cuando recordó las palabras de su primo:

—¡Cuidado con los huevos de granja, Gordo!; como son "muy naturales" se contaminan fácilmente con el excremento de la gallina y eso provoca salmonelosis.

Y vaya que Filemón sabía lo que decía, pues dos veces estuvo recluido en el hospital por deshidratación. Es que desde que había llegado a Estados Unidos, hacía ya varios años, comía todo tan "limpiecito" que sus defensas habían bajado considerablemente. Lo mismo pasaba con la mayoría de la población estadounidense; paradójicamente, sus niveles de defensa inmunológica en general habían disminuido como consecuencia de la alta calidad higiénica de los alimentos.

Entre mordiscos y reflexiones, MacPérez se preguntó dónde estaría aquel justo medio, ése del que tanto hablaba la abuela Concha: "¡ni tanto que queme al santo, ni tanto que no lo alumbre!", sentenciaba a la menor provocación. Recordó que casi todos en su familia materna se habían ido de braceros ahí mismo, a Iowa, en la cría de puercos. Pero se quedaron sin empleo cuando "La Compañía" había comprado todo: la producción de puercos, los rastros, la productora de alimentos, la comercializadora y, recientemente, hasta las grandes tiendas de venta al público. El 90 por ciento de los puercos de todo el país lo producían diez compañías; "La Compañía" era una de éstas. Cada vez había más empleados en las compañías y menos granjeros. Igual que aquéllos para los que por muchos años había trabajado Filemón, quien se había quedado a la mitad de los estudios de veterinaria allá en su natal Michoacán, pues había tenido que emigrar para ayudar a la familia.

Él tenía la suerte de estar colocado como oficinista en un periódico local, gracias a su dominio del inglés y al hecho de haber podido arreglar sus papeles.

—Esa carne es de vacas locas, pues las alimentan con granos transgénicos —dijo una voz que le hizo brincar del susto y mancharse la boca con los tradicionales ingredientes complementarios de la hamburguesa.

Dos chicas se acercaron a su mesa y sin más preámbulo se instalaron en el asiento de enfrente.

—Además, ¡favorece el cáncer de próstata! —agregaron casi a coro.

Extrañado por cómo estas dos manifestantes habían logrado burlar la vigilancia, decidió enfrentarlas. Se armó de paciencia para repetir lo que tantas veces había oído decir a Filemón:

—No se tiene una sola evidencia de que los alimentos transgénicos causen daños a la salud; además, hasta donde yo sé, en Estados Unidos no se ha dado ningún caso de vacas locas. En cambio, en Inglaterra, donde ni se siembran, ni se consumen transgénicos, es donde se ha dado la gran mayoría de los casos de esta famosa enfermedad de los bovinos.

Las chicas se miraron entre sí. No era frecuente encontrar público medianamente enterado. Además, ellas sabían bien que la causa de la enfermedad de las vacas locas tenía que ver con el uso de alimentos basados en harinas elaboradas con restos animales de los rastros; residuos de vacas, borregos, cabras y otros, usando fundamentalmente sus vísceras, sesos, sangre y huesos. Tampoco ignoraban que el uso de éstas en la alimentación de todo tipo de animales se había prohibido en Europa desde 1986, pero la estrategia de espantar a la gente recurriendo a sus más básicos temores había funcionado considerablemente. Nada mejor contra un producto que asociarlo con el cáncer, con la muerte o con los transgénicos; además, la analogía con Frankenstein (*Frankenfood* o comida Frankenstein) venía a complementar la estrategia. La gente ya le había perdido el miedo a espectros y fantasmas, sin embargo, la idea del tal Frankenstein aún causa cierto rechazo, a pesar de que por el mundo circulan ya miles de niños de probeta, o seres humanos con corazones, hígados y otros órganos transplantados de donadores desconocidos.

—¿Y no le gustaría saber el origen de la carne que está comiendo? —se atrevió a preguntar la rubia con cola de caballo.

—Claro—les contestó MacPérez con la boca llena—, aunque prefiero confiar en que los productores, la industria y, sobre todo quienes los deben vigilar, es decir el gobierno, hagan bien su trabajo. Que haya reglas, normas y estricta vigilancia de su cumplimiento.

—¿Y usted cree que esto sucede? —preguntó la morena con aires latinos, creyendo encontrar una veta contra el gordo y ciertamente interesada por el nivel de sus respuestas.

—No es que lo crea pero, hasta ahora, eso ha sido más práctico que llevar un control minucioso de todo lo que uno se come. Por ejemplo, los europeos ahora proponen conocer desde dónde nace la vaca, dónde se cría, qué come, dónde y cómo se le sacrifica, etcétera; eso sólo se puede lograr con mucha tecnología, por ejemplo con un chip electrónico en la oreja del animal desde que nace, para que ahí se vaya grabando su historia. Pero claro, eso lo podrían hacer y pagar las grandes compañías...

Y pensó para sí: "...pero no granjeros como los patrones de mi primo Filemón".

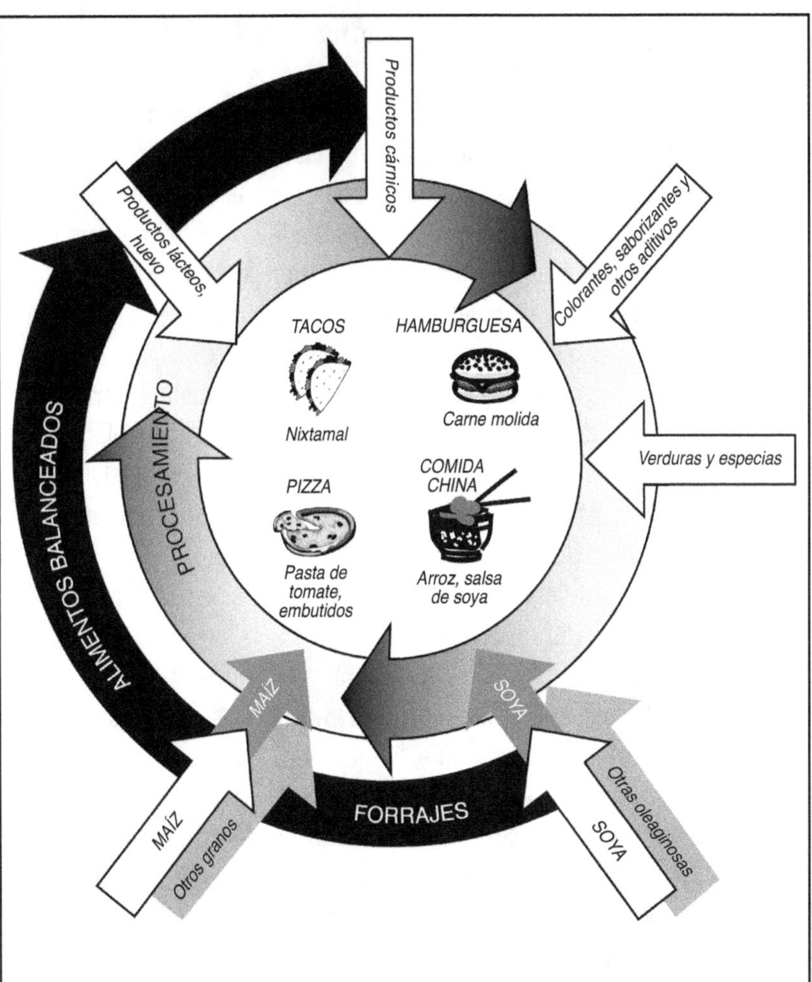

Figura 6. Principales insumos de los alimentos más consumidos en diversas culturas (cómida rápida o fast food**) y en los cuales, a través de diversas formas, se han incorporado productos y procesos biotecnológicos: maíz, soya y, en general, granos de cultivos transgénicos; aceite de diversos orígenes proveniente de plantas modificadas genéticamente; verduras de maduración retardada y/o protegidas contra virosis, aditivos derivados de procesos microbiológicos o enzimáticos, productos cárnicos que provienen de animales alimentados con cereales transgénicos.**

—Oiga, y de que los puercos coman maíz transgénico ¿qué opina? —insistió su aparente paisana.

—Pues que no les va a pasar nada; llevan ya varios años comiendo maíz modificado sin problemas. Y, además, ¿qué habría de pasarles? —preguntó, haciendo un esfuerzo por ampliar la polémica, y él mismo contestó—: Se trata únicamente del cambio de uno solo de los miles de genes del maíz que genera alguna nueva proteína que representa poco más de una diezmilésima parte de la proteína en el grano, las cuales, además, no han dañado a ningún animal de laboratorio, alimentado con dosis altísimas equivalentes en el hombre a varios kilos diarios en su dieta. Habría más cambios e incertidumbre si les diéramos maíz azul, morado o blanco en vez del tradicional amarillo. Por otro lado, en cuanto entra el ADN y la proteína *recombinantes* a la panza del puerco, se hacen añicos para ser digeridos igualito que los otros genes y proteínas en la dieta.

Las chicas no salían de su sorpresa. La güera no se amilanó y decidió ir más lejos al preguntarle:

—¿Usted sabe que puede estar comiendo priones?

—¡Ya te lo dije, güerita!, eso pasó en Europa. Los priones son proteínas infecciosas de las que aún se sabe poco. Son las causantes del mal de las vacas locas y de una rara enfermedad que afecta a algunos cuantos humanos desafortunados: el síndrome de Creutzfeldt-Jacob. Estas enfermedades (un tipo de encefalopatías) tienen en común el que se le pone a uno el cerebro como esponja y se vuelve uno loco.

Esto último lo dijo en tal tono, que las chicas debieron retroceder. Pero MacPérez continuó, no sin antes volver a llenarse la boca con su hamburguesa que ya empezaba a enfriarse.

—¿Han oído hablar del kuru? —preguntó, sintiéndose dueño de la situación.

—¿Del kuru? —preguntaron al unísono las chicas.

—Pues se trata de una enfermedad similar, otra encefalopatía que volvía locos a los miembros de una tribu denominada fore, del sur, allá por Nueva Guinea; llegó a afectar entre 1957 y 1968 a más de mil aborígenes fore. Todos acabaron con el cerebro como esponja, ¿y saben por qué? —hizo una pausa, pero ya no esperó la respuesta de las chicas, pues éstas tenían la boca abierta, así que contestó él mismo—: ¡Canibalismo! Digamos que se trataba de una ceremonia para honrar a sus difuntos, y donde se comían sus cerebros durante el velorio. Así que, como ven, ningún pretexto es bueno para comerse al prójimo —sonrió de su propia broma, mostrando los alimentos en la boca, y continuó—: en cuanto modificaron sus hábitos y dejaron de comérselos se acabó el problema y desapareció el kuru, tal y como están desapareciendo las vacas locas; mientras que en 1993 hubo más de 35 mil vacas locas detectadas en Inglaterra, en el 2000 hubo mil 600.

—Pues hasta donde yo sabía —comentó la güera de modo más crítico—, estas enfermedades se originan a causa de esa proteína infecciosa denominada prion. Y mientras algunos científicos acaban de descubrir cómo es que se forma y sobre todo cómo se reproduce (pues no tiene genes), lo que sí queda claro es que su propagación es consecuencia de un relajamiento en ciertas normas y principios de la industria agropecuaria.

—Ora sí tienes razón —sonrió MacPérez, habiendo terminado su alimento y también más consciente de que las preocupaciones de muchos activistas son genuinas—. Los periódicos afirman que esta es la peor crisis que haya atravesado la industria alimentaria en su historia y, si viviera mi abuela, agregaría a aquel su famoso refrán de: "perro no come carne de perro", algo así como: "porque le va como en feria".

Dependiendo de su estado de ánimo, en ocasiones MacPérez asumía la plena responsabilidad de su sobrepeso, pero en ocasiones también descargaba algo de su culpa en la industria. Pensó para sí, mientras observaba el excelente estado físico en el que se encontraban las dos chicas: "Lo que debemos hacer es ser muy cuidadosos en las cosas que hacemos y que comemos". Tampoco eran ilusos todos los que se preocupaban por los animales; y, como en todo, algo podía rescatarse de sus posturas. Lo importante era no volverse fundamentalista. Habría que pensar en esto y tratar de tener una perspectiva amplia e informada.

Las chicas parecieron regresar a la realidad, pues cada uno se había sumido en sus propias reflexiones. La morena preguntó:

—¿Y no le teme a la contaminación genética?

—Pues no sé lo que es eso —contestó MacPérez—. Creo que la mayor contaminación hoy en día es la pobreza. De eso sí que está contaminado el planeta, no creo que ningún otro contaminante afecte a tantos seres humanos.

La güera se levantó un tanto disgustada y se despidió buscando lastimar a MacPérez en su lado flaco, que era el gordo:

—Pues debería de cuidar su alimentación, *mister*; vea nada más la panza que se carga; en lo que platicamos ya se comió dos hamburguesas y una caja de papas.

Y sin agregar nada más, ambas se marcharon hacia la mesa de junto.

MacPérez regresó a su malestar, sabía que lo que dijo la chica al final era cierto y que necesitaba una alimentación más balanceada y una vida más sana; también que tenía que estar atento y revisar la forma como se producen hoy en día muchos de los alimentos. Todo parecía ir bien hasta que, en muchos países, la eficiencia y la productividad se empezaron a buscar de manera exacerbada. "Pero —se dijo molesto—, esta gente confunde la gimnasia con la magnesia."

Congruente con su preocupación, se dirigió al mostrador y pidió una *verdensalada*.

—¡Ah! —recordó—, y un helado, un *pie* y una leche malteada de chocolate.

8

El desayunador solitario

 Como todas las mañanas, llegó casi por instrumentos a la mesita que hacía las veces de antecomedor en la cocina. Miró hacia la alacena donde una docena de cajas y latas daban la impresión de un pequeño supermercado. En su carácter de divorciado, con hijos que veía sólo una vez al mes, y con una excesiva carga de trabajo, dependía de todos esos productos para no ir a trabajar con el estómago vacío. Nada le recordaba más su soledad que la ausencia de un jugo de naranja natural al entrar a la cocina.

Uno a uno, colocó sobre la mesa a sus compañeros de desayuno: la caja de cereal —no le molestaba que fuese industrializado, pues era, eso sí, integral, vitaminado y fortificado—; la leche, en su empaque característico (recordaba con dificultad las botellas de vidrio de su lejana infancia en las que se distribuía; recipientes, si bien no biodegradables, sí cien por ciento reciclables), "Leche pasteurizada homogeneizada y semidescremada", leyó por millonésima vez. En sus solitarias meditaciones matutinas siempre se preguntaba a dónde iría a parar tanta grasa de leches descremadas, si desde la secundaria no había vuelto a probar un pan con nata. Se preguntaba también si la familia de Louis Pasteur habría estado de acuerdo con tal vulgarización de su apellido.

Acompañó su desayuno con un fruto del híbrido *Musa x sapientum*, conocido popularmente como plátano, pero que algunos ya comienzan a llamar *banana*. De éste no sabía gran cosa, excepto que le llaman Tabasco a pesar de que son originarios de Asia y que el que iba a consumir ya estaba maduro. Al cortarlo, reparó en unas ridículas manchitas en el centro, que eran sus semillas pero que no maduraron (como le había dicho alguna vez su mamá); un cultivo estéril, concluyó él años más tarde cuando se enteró de que aunque la planta crece vigorosamente, requiere medios vegetativos para ser propagada.

Puso sobre la mesa otros productos tomados de aquí y de allá por si le quedaba un poco de hambre, o bien, para tener una sana lectura. Siempre era mejor leer etiquetas de cajas y latas que encender la televisión. Terminó la operación colocando sobre la mesa el ya bastante desportillado plato hondo, la taza de café, regalo de la abuela, la caja de galletas de altisísimo valor nutricional y las respectivas cucharas: la sopera (para el cereal) y la cafetera (sin comentarios).

Después de servir la leche sobre el cereal con plátano y de haber prendido la cafetera, comenzó el desayuno con la reflexión de siempre: la leche y sus proteínas, los cereales y sus almidones que dan energía, el plátano, con más almidón pero con vitaminas y minerales como el potasio..., en general no faltaba nada. Ya iría a los detalles más tarde en las etiquetas. No le gustaba mucho esa idea de hablar de sus alimentos en función de compuestos químicos: proteínas, grasas, almidones, vitaminas, más bien prefería pensar en leche, huevos, carne, simplemente. Pero eso era parte del cambio, era la consecuencia de la necesidad de saber cada vez más de los alimentos, aunque aún hubiese muchos que prefiriesen o no tuviesen más alternativa que comer en sitios donde habría que tener fe en que lo que sirvieran fuera en realidad lo prometido. "¿Será de verdad de res esta hamburguesa?", se había preguntado poco antes frente a un improvisado puesto afuera del estadio de futbol mientras, de pie, espantaba al perro que le olfateaba los zapatos, como si reconociera a algún pariente. Al menos las etiquetas ayudaban. A medida que se han introducido cambios en la industria de alimentos, tanto en las formas de producción masiva como en los métodos de transformación y de conservación, se han establecido también reglamentos y normas para vigilar que estos procesos se realicen bajo un control sanitario del contenido de nutrimentos y de su publicidad que los fabricantes, los distribuidores y los publicistas deben en principio acatar. Así, meditaba, las etiquetas eran una mezcla de información sobre nutrición, de elementos de promoción y, en algunos casos, de patrañas. Tomó la caja de cereal entre las manos y trató de resolver, por cuarto día consecutivo, el laberinto a través del cual el gallito, colocado en un extremo de la caja, debería llegar hasta los granos, ubicados en el otro. Desistió después de varios intentos ante la mirada burlona del gallo. Recordó que tenía que encontrar quién había sido la tercera esposa de Enrique VIII, ¿o era la octava de Enrique III? Al día siguiente, se acabaría el cereal, recortaría el famoso triángulo de la esquina y lo enviaría por correo. Ya se veía ganador de uno de los tres viajes que la empresa cerealera ofrecía al Caribe. Como siempre, lo último que miró fue la información nutrimental. Recordaba que en las primeras ocasiones los nombres y los números ahí incluidos lo habían asustado. Por un tiempo, los había ignorado pero, a fuerza de verlos todas las mañanas y con unas cuantas consultas, había empezado a familiarizarse con ellos. De hecho, tuvo una etapa de verdadera pasión por las etiquetas, al grado que pasaba horas frente a los anaqueles leyendo y tomando notas sobre los contenidos. Así conoció a varias candidatas a acompañar su solitario desayuno, pero ninguna dispuesta a hacerle el jugo de naranja por la mañana. Le sorprendía que ninguna de sus nuevas amigas comprara los productos por lo que decían las etiquetas. La mayoría verificaba los precios, las ofertas y los obsequios, otras no tenían opción —era lo que les gustaba a los niños—. También recordaba a aquel extraño individuo que le contestó: prefiero esta marca de cereal no sólo porque tiene más proteína, sino porque está adicionado con diez vitaminas y minerales en vez de los nueve que traen los demás. Otros, en una situación civil parecida a la suya, tomaban el primer cereal que apareciera en su camino. Por eso, le había dicho el empleado, los anaqueles de en medio son los más socorridos; además, al mexicano promedio no le gusta que vean que no alcanza los de arriba. Por otro lado, y contrariamente a lo que pensaba, el hecho de que algo fuera cien por ciento natural ya no era noticia en la etiqueta pues todas lo traían, desde la granola, hasta el chicharrón de cerdo, pasando por el requesón, la harina para tortillas y tantas otras cosas. Nadie le había podido explicar claramente ese concepto, ni si estaba regulado por la Secretaría de Salud. En vano había buscado un producto 75% natural, como para tomar una referencia. Su curiosidad por las etiquetas se había intensificado al enterarse de que quizás en un futuro cercano, según legisladores responsables, analistas de la política agropecuaria, comercial y legal, catastrofistas del medio ambiente y, muy a su pesar, industriales de la comida, cuando se incremente el número de cultivos transgénicos disponibles, todos deberán llevar una etiqueta que así lo notifique. Según algunas propuestas, la etiqueta deberá incluir los datos del gen que se ha insertado en el cultivo de donde proviene el alimento, sin importar si es derivado total o sólo parcialmente de éste. Mientras veía hacia las latas de jitomate, que por su tamaño sobresalían de la alacena, recordó que había quien proponía que en los datos de la etiqueta se incluyera también la especie donadora del gen, su nombre más accesible, su efecto en el metabolismo y su impacto ecológico. Cerró los ojos e imaginó la supuesta etiqueta aburrida de las mismas latas de jitomate, redactada por algún experimentado biólogo molecular:

Producto de tomates transgénicos. Obtenido de plantas de *Lycopersicum esculentum* (L.) transformadas con dos genes de origen bacteriano: el gen *npt II*, clonado de *Escherichia coli*, como marcador, y el otro, de naturaleza sintética en su versión antisentido, derivado de un gen del propio genoma de tomate. El gen *npt II* produce la enzima neomicina fosfotransferasa que degrada al antibiótico kanamicina y permite así la selección y el monitoreo de plantas transformadas. El segundo es una versión "invertida" del gen encargado de sintetizar poligalacturonasa (PG), una de las enzimas causantes de la degradación de pectina en el mesocarpio de los frutos. Cuando la poligalacturonasa rompe el polímero de pectina, el fruto se ablanda, cambia su sabor y su color. Al introducir un gen en sentido contrario, se produce una molécula mensajera que puede, por mecanismos no totalmente explicados, interferir con la molécula mensajera que produce la enzima normal. Al disminuir o inhibir completamente la síntesis de PG, la pectina no se degrada y los frutos permanecen sin madurar durante periodos más largos. Hasta la fecha no se conocen indicios de intolerancia, alergenicidad, daño tisular o cualquier otra alteración fisiológica debidos al consumo de este producto, tanto en pruebas sanitarias estándar como durante la etapa de seguimiento global posterior a su comercialización.

Las latas tendrían que ser grandes, ya no podrían ser de menos de medio litro, pues no cabría la información. Si en cada medicamento de los de acceso general se tuviera que consignar toda la información relacionada con el origen, la síntesis, la farmacología y la posología de los compuestos activos, cada cajita vendría acompañada de un libro. Para eso había una farmacopea. En este caso sería una alimentocopea.

Pero como una versión objetiva sería aburrida e inútil, podía adelantar las disputas, con sus diferentes propuestas, entre los grupos que defendían los alimentos transgénicos y los que se oponían a ellos a capa y espada. Unos tendrían desde luego su versión precautoria:

Este producto puede o no causarle daño.

Jitomates (*xic-tómatl*). Alterados con genes de bacterias o de otras plantas, quizás hasta de virus; vaya usted a saber. Los transgenes introducidos en esta planta producen cambios innecesarios en la coloración del fruto, alteran su ciclo vital natural y hacen que la planta no cumpla a la misma velocidad que lo ha hecho siempre con su finalidad ancestral de darnos alimento o volverse abono, aunque sea en los basureros. El origen de los genes permite suponer que se han modificado las propiedades esenciales de esta especie y que ahora está contaminado con bacterias y con genes artificiales, lo cual, por principio, afecta la biodiversidad y puede producir resistencia a los antibióticos, alergias, además de que la ciencia no ha podido demostrar si comiendo este alimento a largo plazo usted estará vivo.

La tecnología para alterarlo genéticamente está patentada y ha sido aplicada sobre un cultivo desarrollado en uno de los centros de domesticación y de diversificación genética del mundo, lo que es un atentado al de-recho cultural de los grupos humanos que habitan tales zonas, ya que ha sido sustraído parte de su acervo genético. Su cultivo y comercialización alienta las prácticas monopólicas de los consorcios agrobiotecnológicos para acaparar el mercado de semillas de las especies básicas para la alimentación de los países pobres. Este producto puede ser nocivo para su salud o la de su familia. No se deje al alcance de los niños. Para mayor información consulte a alguna de nuestras brigadas en los centros comerciales de su preferencia.

Después de sonreír con sus propias ocurrencias, se imaginó en la mesa de debates, cuando el otro grupo presentase su propuesta de etiquetado:

Tomate (*tomatoes*). Mejorados con tecnología genética de punta, respetuosa, amigable y sustentable. Este producto ha sido elaborado gracias al intenso trabajo de científicos, nutriólogos, agrónomos y muchos otros especialistas preocupados por su salud y la de sus hijos, deseosos además de llevar a su mesa ejemplares de la más alta calidad, tal y como usted se merece.

Para el mejoramiento genético de esta especie se utilizaron técnicas selectas de clonación molecular, de transformación genética y de regeneración *in vitro*, desarrolladas por científicos galardonados con premios internacionales. Para su beneficio, hemos insertado en el genoma de la planta dos genes, obtenidos de nuestras genotecas especiales, las más completas y seguras del mundo, lo que nos permite seleccionar las líneas de mayor fortaleza y controlar adecuadamente el proceso de maduración fisiológica del fruto. Es así como se logra contar con mayores posibilidades para la recolección, el transporte y la selección, abatiendo el desperdicio, aumentando los rendimientos para nuestros campesinos y, sobre todo, conservando para usted toda la riqueza —en color, sabor y textura— de este fruto ancestral legado de nuestros antepasados mesoamericanos.

Hemos cumplido con todos los requisitos de las agencias competentes de agricultura, salubridad y comercio, para poner a su alcance un producto seguro y barato que, al mismo tiempo, alienta la inversión en el campo para la producción agropecuaria. Para cualquier información adicional, le atenderemos personalmente en el teléfono 01-800-NEW-GEN, o escríbanos a transgénicos@salud.coma.mx

Sonrió de nuevo; tecnología o no, al final de cuentas hay una fina mercadotecnia atrás de muchas etiquetas y, en esta actividad, hay gente y mecanismos tan hábiles como para acabar vendiéndole chiles a Clemente Jacques. Estaba convencido de que el consumidor tiene todo el derecho de saber qué está comiendo y a seleccionar sus propios alimentos, pero tiene más derecho aún —y para ello paga impuestos— de contar con las instancias que le garanticen que los alimentos que llegan a su mesa sean seguros. Que si leía "café liofilizado", alguien ya se había asegurado de que eso no le daba en la torre al café, pues la primera vez que leyó la etiqueta prefirió no comprarlo, ya que sonaba como a que podría aumentar los líos con sus hijos. Las etiquetas decían todas en esencia la verdad, aunque a veces a medias o de forma engañosa. Por ejemplo, leía en dos cajas de un mismo edulcorante sintético, que lo recomendaba, en una, la Asociación Mexicana de Pediatría, lo que puede inducir a pensar que habría que dárselo a los niños, y, en la otra, la Asociación Mexicana de Medicina del Deporte, por lo que podría pensarse que es bueno después de correr cinco kilómetros. Otro edulcorante se anunciaba con 4 kcal/g, como si no fuera éste el caso de cualquier azúcar. Finalmente pensaba en toda una serie de invitaciones tales como: "Activa tus defensas naturales cada día", o "Sabor que nutre", que podrían interpretarse erróneamente. ¿Cuáles serían los eslóganes de los transgénicos? "Producto elaborado sin plaguicidas ni herbicidas tóxicos", o bien, "Enriquecido con vitamina A de manera cien por ciento natural", o mejor aún, "La experiencia de diez mil años de evolución llevada hasta tu mesa". Por otro lado, se preguntaba, mientras preparaba su café, si hubiese suficiente tecnología como para rastrear los genes modificados del tomate en unas deliciosas enchiladas, suponiendo que las enchiladas se enlataran, o si en el aceite en el que se hubiesen frito habría forma de encontrar trazas de los genes que dieron a la planta la resistencia a los herbicidas. Si habría manera de demostrar si la lecitina que estaba tomando en sus intentos por mejorar su condición física provenía también de una soya transgénica. Se contestó que sería muy difícil, dado que muchos productos se procesan o se extraen con demasiado calor, y en ocasiones en varias etapas, lo que destruye o elimina al ADN. ¿Y en los restaurantes?, ¿se obligaría también a los restaurantes a informar a sus consumidores sobre el origen de sus productos?, ¿a tener dos menús? ¿No sería más fácil asegurarse de que todo eso fuera seguro y poner las preocupaciones donde hubiese más riesgos? A fin de cuentas, ¿quién tendría que gastar más dinero, el que simplemente declara en su etiqueta que contiene transgénicos, o el que debe demostrar que no los tiene? Se levantó de la mesa y regresó todo a la alacena. Los trastes sucios fueron a dar al fregadero. Vio la hora y cayó en la cuenta de que apenas tenía tiempo para llegar a la oficina. Se despidió disculpándose, pero dándose cita formal al día siguiente a la misma hora para continuar con su interesante reflexión.

9

Ahí viene la plaga

No hay nada más firme que la incertidumbre de la ciencia.
F. Nietzsche

—¡Ahí viene la plaga! —exclamó Cornelio, comisario ejidal de Santiago el Chico, el pueblo algodonero más famoso de Tamaulipas, dirigiéndose a todos los presentes en Mi Querencia, la cantina más socorrida de la región, y especialmente concurrida al fin de la temporada de pizca.

Todos soltaron la carcajada, en particular Melitón, quien compartía la mesa con Cornelio y no sentía simpatía alguna por Braulio, el recién llegado, a quien consideraba una verdadera amenaza para sus negocios.

101

Melitón llevaba varios años viajando a la región y comercializando los productos químicos que él mismo formulaba en su planta de Actopan. Vendía fundamentalmente triazofos (*hostation*), azinfos, monocrotofos (azodrín) y karate, este último un piretroide; los demás, productos organofosforados, se usaban desde hacía años como insecticidas en el cultivo del algodonero.

Desde hacía un par de años, Braulio había entablado contacto con los productores. Melitón lo consideraba "una plaga", y había puesto en marcha toda una estrategia para desacreditarlo ante la comunidad con cuanto recurso tenía a la mano y aprovechando, de hecho, su compadrazgo con el comisario ejidal.

—Ándale, Braulio —dijo Melitón, acercándole una silla a su mesa—, ven a contarnos las noticias sobre los nuevos plaguicidas y, de paso, a ver si son efectivos para alejar las moscas de este pulque, un curado de mamey que nos mandaron desde Hidalgo.

—Bioplaguicidas —respondió Braulio cautamente, consciente del peligro que representaba tanto para Cornelio como para Melitón el cambiar la forma en que tradicionalmente se habían venido aplicando los agroquímicos a los cultivos.

Melitón estaba viendo reducir sus márgenes de ganancia, pues cada vez un mayor número de productores se interesaba por los productos derivados de la biotecnología. Por otro lado, la población, si bien preocupada por los efectos tóxicos de los plaguicidas y los herbicidas tanto en el campo como en su salud, de algún modo los habían aceptado ya como una consecuencia del progreso. Sin embargo, Braulio había ido logrando poco a poco convencerlos de que existían opciones interesantes y que el cambio era posible y no había que temerle.

En una de las mesas más apartadas se encontraban los productores del norte de la región. Braulio sabía que estaban bastante satisfechos con la nueva forma de hacer las cosas y eran sus mejores promotores. Cipriano, por ejemplo, había ya aplicado con éxito el control biológico.

Al principio se le dificultó convencerlos, pues no era sencillo aceptar que se usara un parásito para luchar contra la plaga que azotaba sus cultivos. Braulio les había explicado una y otra vez que estos parásitos atacaban de manera específica a la plaga, multiplicándose a expensas de ella e interrumpiendo así su ciclo de vida. De esta manera se podía controlar el nivel de la plaga, sin recurrir a ninguna sustancia. Recorda-ba con alivio cuando Cipriano al fin comprendió el principio de este fenómeno al preguntarle:

—Ah, don Braulio, ¿a poco es como lo que pasa con los conejos? —ante la sorpresa de Braulio, el propio Cipriano explicó—: los coyotes los mantienen controlados, si no, pues se convertirían en una plaga y acabarían con los zacatales.

—Lo cual, por cierto, afectaría dramáticamente su propia supervivencia —completó Braulio.

Melitón lo sacó de sus reflexiones con un golpe en la espalda.

—Ándale, plaguita —le dijo en tono provocativo—, éntrale a este curado, y sirve que le cuentas aquí al licenciado Cornelio la idea esa que andas platicando de que quieres esterilizar a nuestras hembras.

Cornelio se limpió el bigote con la manga y levantó las cejas, como si de verdad estuviera alarmado:

—¿Pos que se trái, biólogo? —le preguntó amenazador.

Braulio no contestó, y se limitó a beber su curado hidalguense. En varias ocasiones les había explicado el proyecto de producir y liberar organismos de esta misma plaga pero esterilizados, es decir, incapaces de reproducirse. Así, tanto los machos como las hembras de la plaga que se cruzaran con insectos estériles reducirían sus posibilidades de dejar descendencia y, por tanto, disminuiría el tamaño de la población. Esta técnica, llamada de *autocidio*, ha funcionado bien para combatir a la mosca del Mediterráneo, que parasita a los cítricos y a otros frutales de casi todo el continente americano. Había visto así funcionar una planta en Chiapas. Pero como Cornelio seguía en espera de una respuesta, Braulio prefirió cambiar el tema:

—¿Ya vio, comisario, cómo salió el algodón que sembraron los hermanos García en sus 840 hectáreas?

Al oírlo, los productores se enderezaron en sus sillas, pues ellos también habían sembrado la misma semilla que los hermanos García. De hecho, cerca de cien mil hectáreas se habían sembrado en Mexicali, Caborca y La Laguna con esa semilla en 1999 y 2000.

—Estamos probando, junto con otras prácticas de control biológico, una nueva variedad resistente al gusano rosado —continuó Braulio burlonamente—; con esa semilla ya no hay que esterilizar a nadie; la planta de algodón de esa semilla produce por sí misma su propio insecticida.

Melitón tosió molesto, pues era justamente esa semilla la que lo estaba llevando a la quiebra. En realidad no entendía bien a bien lo que estaba pasando. La mayoría de los insecticidas que conocía eran productos sintéticos que no elaboran las plantas, sino que se sintetizan en el laboratorio. Sabía que algunas plantas eran capaces de producir sustancias que ahuyentan a los insectos, como el ajo, la cebolla y el tabaco; incluso sabía que de los crisantemos habían surgido las piretrinas, con las que se combatía en las casas a los zancudos; pero del algodón, del que él presumía saberlo todo, no se conocían variedades que lo hicieran. Todo eso de las proteínas bioinsecticidas lo tenía con bastante desazón.

—¿Y de dónde sacaron esa variedad? —preguntó Melitón molesto.

—Ya te lo explicamos, compadre —le contestaron desde otra mesa—. La variedad es muy similar a las que usábamos antes y viene del otro lado. La hacen los gabachos, quienes la desarrollaron en el laboratorio en sólo cuatro años.

Ese hecho también lo había sorprendido. Todos los métodos que conocía para el desarrollo de nuevas variedades requerían bastante tiempo, cruzas extensivas y pruebas de campo con mucha estadística.

Ahora resultaba que este nuevo producto, mediante una sustancia biodegradable, no sólo resistía notoriamente al ataque de los insectos en su fase de oruga, cuando es más abundante y voraz, sino que además eliminaba específicamente al gusano rosado, verdadero enemigo de los algodoneros.

—Ya les dije —advirtió Melitón— que esa sustancia es muy peligrosa, ¡ya me enteré de que perfora los intestinos!

Braulio vio venir una nueva campaña en contra de este tipo de cultivos transgénicos. Pero estaba preparado, los argumentos que venía usando eran los mismos y ya no alarmaban a los agricultores, quienes habían constatado las ventajas de los nuevos productos. Sin embargo, dado que en la cantina se encontraban muchas personas aún no convencidas, pensó en explicarlo nuevamente. Antes, de la mesa del fondo se oyó decir:

—¡Ya se te olvidó que con cien miligramos de tu famoso azinfos se murió mi perro!

—Pos pa'qué anda oliendo lo que no debe —respondió Melitón con otra carcajada.

—De hecho, don Melitón —agregó Braulio amablemente—, la sustancia a la que usted se refiere es una proteína con una estructura muy similar a las que tienen las proteínas del pulque que justo se está bebiendo. Aunque, eso sí, esta proteína sí hace agujeros en los intestinos, pero sólo en los de las orugas de algunos insectos. En el caso de usted —hizo una pausa que preocupó a los asistentes—, en su caso..., usted, como todos los animales en los que se ha estudiado, incluidas las víboras tepocatas, la digiere como cualquier otra proteína. En los insectos pasa por el estómago disuelta en la saliva, se desdobla y al llegar a la pared de los intestinos se pega ahí haciendo una pequeña perforación que, a usted, le parece agujero, pero que en efecto no sólo provoca que el gusano deje de comer, ¡sino que muera como consecuencia de que se le vacía la bolsa de los alimentos!

—Además —se oyó de las mesas vecinas—, esa proteína que ahora tienen las plantas es la misma que aplicamos como insecticida hace algunos años, ¿te acuerdas, Melitón?, tú mismo la trajiste. Era un producto en polvo que aplicamos cuando ya con tus menjurjes no lográbamos controlar al gusano rosado. Tú mismo decías que eso era mejor que los organofosforados que vendes. Ya ves, los García, el año pasado, sólo emplearon 700 litros de insecticidas en sus 840 hectáreas, cuando que el año anterior requirieron 7,800 litros, ahorrándose así más de un millón de pesos.

—Y no sólo eso —agregó otro de la misma mesa—, le ahorramos a la madre tierra el tener que absorber todos esos productos, y no se diga a las madres, padres e hijos del pueblo. Y por si eso fuera poco, las pacas de algodón salieron chulísimas, sin ojo de gato, y la pasta que sobró y que usamos para alimentar a los animales no traía aflatoxinas, según los del laboratorio, pues ahora no le cayó el hongo.

Melitón no quería recordarlo, pero, en efecto, él mismo había promovido esa proteína entre los agricultores orgánicos y, además, como producto para jardinería en áreas verdes de la ciudad, jugoso negocio que había arreglado con Cornelio. Ahora, ese mugroso nombre que apenas podía pronunciar se había vuelto su pesadilla: *Bacillus thuringiensis*. Prefería llamarla el BT. "¿A quién se le habría ocurrido irlo a sacar del suelo de donde nunca debió haber salido?", pensaba en sus momentos de depresión. Además, se había enterado que esta bacteria era muy especial, pues al final de su ciclo de vida forma esporas para resistir la sequedad o la falta de alimento y al mismo tiempo produce la proteína insecticida en forma de un cristalito que se ve al microscopio. El producto, que alguna vez vendió, era simplemente un concentrado de bacterias en polvo que se aplicaba como sus otros productos, sólo que éste era *biológico* y, por lo mismo, más costoso. La ciencia y la tecnología de nuestros días habían logrado que la proteína de la bacteria se produjera directamente en la planta. Así, si el insecto

Tabla 4. Datos relacionados con los agroquímicos.
A principios de los noventa se consumían anualmente dos y medio millones de toneladas de pesticidas en el mundo.
Entre 1950 y 1990, aproximadamente 700 especies de insectos han desarrollado algún tipo de resistencia a los plaguicidas.
En México, el consumo de insecticidas fue de 18 mil toneladas en el año 2000.
Se han identificado más de 100 ingredientes en los plaguicidas que causan cáncer.
*Anualmente, cinco millones de seres humanos se intoxican con plaguicidas y 45 mil de ellos fallecen por esta causa (la gran mayoría habita en países subdesarrollados), además de otros efectos ambientales.**
El uso de plantas modificadas genéticamente ha permitido reducir el consumo de agroquímicos en Estados Unidos en unos cuatro y medio millones de litros; es decir casi dos tercios de los que se usaban anteriormente.
Unos catorce millones de estadounidenses están expuestos a herbicidas en el agua potable. En ella se detectan trazas de los cinco herbicidas más usados cada primavera (alachlor, atrazine, cyanazine, metolachlor y simazine) que suman hasta 6.8 millones de kilogramos de estos agroquímicos.
Las ventas de agroquímicos en Estados Unidos alcanzaron nueve mil millones de dólares al año en 1998; de los cuales 68% son herbicidas, 21% insecticidas, 8% fungicidas y 3% otros. Estados Unidos consume el 25% de los agroquímicos que se producen en el mundo.

* Las alternativas son complejas. Por ejemplo, se conoce bien el efecto del DDT en la salud, y se sabe que es la causa de la casi desaparición de varias especies de pájaros y que permanece estable por décadas en el suelo. Sin embargo, es aún la forma más barata y efectiva de combatir al mosquito anófeles, responsable de la malaria que causa 500 millones de casos clínicos al año y mata a 2.7 millones de seres humanos.

se atreviera a morderla, adiós. Todo eso sin tener que depender de productos químicos y, lo que era mejor, disminuyendo la contaminación. Si la biotecnología no fuera tan nociva para sus finanzas, él sería un adepto. Ahora el negocio, claro, era de quien vendía la semilla, como lo había sido hasta ahora de las 24 compañías que en Estados Unidos vendían más de mil 800 millones de dólares al año en insecticidas.

—Si aplican esa bio… cosa con la semilla, se va a generar resistencia a la proteína, y dentro de pronto habrá muchas plagas resistentes a la proteína del BT —se dejó oír una vez más.

—Mira de qué hablas —le dijo un vecino de mesa—, si cada vez hay que usar mayores dosis de tus productos, pues al gusano no le hacemos ni cosquillas; sobre todo porque está dentro del capullo, ¡y para llegar hasta ahí, le ronca! Generalmente nos damos cuenta de que está ahí cuando es demasiado tarde.

—Pero, además —complementó Braulio—, todos los productores están obligados a sembrar al menos un 20% de la superficie de su cultivo con la variedad tradicional no transgénica, para dejar que la plaga coma y se reproduzca allí, ya que esto reduce el chance de que unos pocos bichos resistentes se propaguen fácilmente. Y más aún, existen cientos de formas variantes de la bacteria BT en suelos de todo el mundo, muchas de ellas con proteínas diferentes, como las del tipo llamado *cry*, que pueden llegar a aplicarse en la agricultura. Como ya se tienen aislados los genes que permiten a la célula producir estas proteínas, éstos se pueden insertar prácticamente a cualquier planta. El chiste es encontrar alguna variante natural de la proteína del BT que permita combatir cada plaga específica de un cultivo y de una región, y eso se está investigando aquí en México. La doctora Alejandra Bravo tiene en Cuernavaca una de las colecciones más grandes del país.

—Pero eso es carísimo —argumentó Melitón, que no podía dar su brazo a torcer—. Además de pagar la semilla hay que pagar regalías por el uso de esa tecnología.

—Pero eso para nosotros no es problema —respondieron los de la mesa del fondo—. Con lo que se ahorra uno de agroquímicos sale bastante para pagar eso y más. Ya vieron las cuentas que hicieron los García comparando su producción en 2000 y 2001. Y eso que están usando un algodón que tiene solo un tipo de la proteína insecticida, llamada *cry*1Ab; espérate a que llegue otra variedad mejorada, que trae también la *cry*1Ac, entonces sí, adiós no sólo al gusano rosado, sino al bellotero, al soldado, al perforador y al minador del tallo.

—Pero no le hacen nada a los chupadores —se defendió todavía Melitón—. ¿Qué van a hacer con la chinches, las conchuelas o con la mosca blanca?

—¿Sabes qué, Melitón?, se te está olvidando que en La Laguna casi se dejó de producir por el maldito gusano rosado, problema que han venido a resolver las proteínas del BT. ¿Ya se te olvidó que a pesar de tener que echarse hasta 12 aplicaciones por cultivo, con unos 18 kilogramos de insecticidas neurotóxicos por hectárea, a los productores se los estaba llevando el tren? Ahora, han reducido las aplicaciones hasta menos de dos kilos por hectárea, con ganancias en algunos casos de más de mil dólares por hectárea.

—No sólo de pan vive el hombre —dijo Melitón vencido, llevándose la jarra de pulque a los labios.

—No —contestó Braulio mirando de reojo su jarra de pulque—. También de los otros productos de la biotecnología. ¡Salud!

10

Monarca

> *Aquel que se ata a una alegría, la alada vida destruye.*
> *Aquel que besa la alegría según vuela, vive la aurora de la eternidad.*
> WILLIAM BLAKE

 Eran ya las 9 de la mañana y había que preparar en breve la salida. Casi automáticamente los miles de acompañantes que habían pernoctado a su alrededor exponían las alas al sol con el fin de calentarse, calentar su sangre y así poder comenzar el vuelo. Desde lo alto del árbol que le había servido como refugio para pasar la noche recordaba, mientras salía poco a poco del amodorramiento nocturno. Después de todo, la jornada del día anterior había sido fructífera, unos 120 kilómetros. Habían salido hacía unas semanas,

a mediados de septiembre, después de obedecer un instinto interno emitido como una orden ante la inminente llegada del otoño: ¡a comer para aumentar la reserva de grasa! El preparativo para el viaje había comenzado desde que dejaron la crisálida para convertirse en adultos, tarea que les llevó varios días y para la que les fue necesario recolectar néctar de cientos de flores.

Por ahora, lo sabía todo. Y lo que no, le sería informado por la naturaleza. De otra manera ¿cómo pensar en hacer semejante viaje con sus dos gramos de peso llevados por cuatro o cinco mil kilómetros y llegar sin ningún problema hasta aquel lugar, jamás visto, ni siquiera por sus padres? A veces pasaban entre tres y cuatro generaciones para completar el trayecto de ida y vuelta entre sus dos destinos. Sin embargo, repetirían la hazaña que habían logrado sus ancestros.

Ella, *Danaus plexippus* (*Linnaeus*), nada menos que de la familia de los lepidópteros, de vistosas mariposas y robustas palomillas —se lo habían dicho desde que dejó de ser larva—, era una monarca. Se sabía uno de los más hermosos ejemplares de insectos, grupo que constituye tres cuartas partes del reino animal. A ella, en particular, sus largas alas y el peso de su cuerpo la hacían una de las candidatas para llegar a buen destino. Y es que todas les temían a las estadísticas: de los 140 millones de ejemplares que ese verano emigraban, 50 millones, quizás más, no regresarían. Supo cómo aquel año de 1995, una tormenta en la zona de sus refugios en Michoacán había dejado siete millones de pérdidas, sólo en mariposas. A pesar de todo eran afortunadas; a diferencia de las generaciones anteriores a la suya, que habían nacido hacia finales de la primavera y se reprodujeron más rápidamente, ellas tendrían una vida más larga, de ocho a nueve meses, pues debían emigrar e hibernar congregadas en un santuario; la ventaja de haber nacido al acercarse el frío. La desventaja: una convivencia familiar muy breve, pues sus padres, nacidos en la época de calor, sólo habían vivido cinco semanas. Apenas poco tiempo para saber de su historia.

Así supo que no iría a California, como sus parientes del Oeste, sino más lejos. Le entusiasmaba salir de esa región de los Grandes Lagos en Canadá, cerca de las cataratas del Niágara y llegar a México por el norte de Tamaulipas, Nuevo León, el este de Coahuila, atravesar la Sierra Madre Oriental, San Luis Potosí y finalmente llegar a Michoacán. Su destino era el santuario de Cerro Pelón, al cual llegaría vía Zitácuaro. Sabía que en México eran muy queridas, a pesar de no ser mexicanas y de que sólo visitaban los santuarios para pasar el invierno. ¿Y si hubieran nacido en México y hubiera tenido que emigrar pa'l otro lado?; menudo problema de nacionalidad. Finalmente le gustaba más que le dijeran *papálotl*, que "mosca de mantequilla" (*butterfly*), y se imaginaba a ella misma como *Xochiquetzal*, diosa de la alegría y de las flores, con cara y brazos humanos, pero con cuerpo y alas de mariposa. Le encantaba también el nombre que los antiguos mexicanos daban al capullo: *cochipílotl*. ¡Ah, realmente qué grata había sido aquella época!: cuando oruga, remontando pausadamente la planta, después cambiar de piel cinco veces, y dormir colgada de una rama durante 12 días cubierta por un fino capullo de seda que ella misma había tejido. *Cochipílotl* o "dormir colgado"; eso era vida. Pero nadie es monarca en su propia tierra. Ahora, los riesgos eran muy grandes y las jornadas largas; esta travesía tomaría unos 45 días y las instrucciones para sobrevivir habían sido muy precisas: orientarse con el Sol, con el magnetismo de la Tierra y colocarse en las corrientes de aire ascendente; dejarse llevar planeando y aletear solamente al perder el viento o para cambiar de rumbo. Si la corriente fuese muy fuerte sería preciso plegar las alas para controlar la velocidad y la dirección; ir en grupos de hasta 600 elementos y pernoctar en los árboles que encuentren en el camino. Durante el vuelo evitar montañas altas, optando mejor por valles abiertos por donde corren los vientos provenientes del Norte.

Ella no tenía miedo. Estaba bien equipada. Llevaba en su exoesqueleto una buena dosis de cardenólidos (glucósidos cardiacos).

Cualquier vertebrado que se atreviera a morderla, probaría de esta amarga y tóxica, pero natural, sustancia. De hecho, Monarca había pasado muchos momentos reflexionando cómo podía ser que un ejemplar tan bello como ella, con sus atractivos naranjas y negros, pudiera ser vomitiva y hasta mortal para tantos animales silvestres, incluidos los inocentes pajarillos. Sin embargo aceptaba los modos de la naturaleza, y a los pájaros, las ranas, los ratones y otros vertebrados, les tocaba cuidarse de no andar comiendo su veneno. Ni modo que prohibieran la circulación de mariposas por ser tóxicas para los pájaros. Este compuesto lo obtenía de su principal alimento: el algodoncillo, y de varias especies de la familia de las asclepias, del que estaba harta pues era su principal alimento cuando oruga, allá en Canadá. Por eso, ahora adulta, al poder volar de flor en flor, había decidido que también buscaría néctar de otras especies. Basta de algodoncillo; aunque de este grupo de plantas había unas 108 especies. Le habían recomendado que no probara el algodoncillo con polen de maíz, aunque era difícil de conseguir. Primero porque la época de polinización del maíz dura sólo unos cuantos días y, segundo, porque a diferencia de lo que algunas mariposas afirmaban, el polen de esa gramínea es pesado y el 90 por ciento cae a tres o cuatro metros de los campos de cultivo y no a 60 metros o más como afirmaban. Además, la recomendación era muy clara: mantenerse alejadas de los campos no sólo de maíz sino de cualquier cultivo, pues a una rociada de insecticida ninguna sobreviviría, y dado que el insecticida se aplicaba desde avionetas, pues impregnaba también todo alimento que hubiera a su alrededor.

Pero en eso del polen, las cosas no estaban muy claras. Recordaba con ternura a aquellas mariposas que llegaron a casa después de sobrevivir a un experimento. Contaban que fueron sometidas en un laboratorio a una dieta en la que a su algodoncillo lo saturaron de polen de maíz transgénico. Parece que murieron cerca del 40 por ciento de las orugas con esa mezcla. Este era un polen de plantas modificadas genéticamente que permitía a estos maíces eliminar por vía directa al gusano barrenador, y de las cuales se sembraban ya tres millones de hectáreas en Estados Unidos y Argentina. Las adultas viajeras, quizás, encontrarían este polen tanto en el "cinturón de maíz" en el medio oeste como en Texas; si las hembras depositan sus huevecillos en algodoncillos con el polen, supuestamente habría problemas para las larvas. Pero sucede que pocas plantas de *Asclepia sp.* están cerca de los cultivos, pues los agricultores las eliminan junto con otras hierbas. Varias comentaron que las condiciones en las que se había hecho el experimento estaban muy alejadas de la realidad, pues además de que la dosis de polen que tendrían que comer para morir no se encuentra en el campo, había otro detalle: a diferencia del laboratorio, las mariposas viajeras podrían optar por otro alimento. Otras comentaron que en el experimento encontraron no sólo polen sino trozos de la bolsita que lo contiene, es decir, de las anteras de maíz, y eso pone en duda los resultados porque en las anteras puede haber mayores cantidades de la proteína insecticida y, además,… pues no comemos anteras. Quedaba la confianza de que aún muchas agencias y laboratorios de investigación agrícola seguían estudiando el asunto.

Por ejemplo: ¿cómo hacer que los nuevos cultivos no afecten a otras plantas o animales?, ¿cómo evitar que algún polen potencialmente riesgoso llegue a dispersarse indiscriminadamente? Una solución sería evitar su cultivo, pero eso al fin y al cabo no ayuda a resolver problemas de plagas, ni la creciente presión de las actividades humanas sobre los bosques y praderas. Otra opción sería aprovechar aún más el potencial de la biotecnología para disminuir o manejar los riesgos. Con las nuevas estrategias de la biología molecular es posible buscar soluciones. Una es evitar que la proteína bioinsecticida se acumule en el polen; otra es hacer que sólo se produzca en las zonas de la planta que son atacadas. Dicho de otro modo, hacer que este nuevo gen de defensa no funcione siempre sino donde y cuando se necesite. Aprovechar los sistemas de control que tienen las plantas —una especie de interruptor de prendido y apagado— para producir esta proteína en las hojas y en los tallos donde los depredadores comen y se alojan, y ya no en el polen, para la seguridad de las monarcas. Tampoco habría el bioinsecticida en el grano, lo que acabaría con la polémica sobre la seguridad de su consumo.

Muchas personas se preocupan por la muerte de las monarcas, y este empeño por la conservación de la naturaleza tiene giros inesperados. Justamente, y de tanto estudiar y reproducir mariposas en centros educativos, laboratorios y empresas, ahora resulta que los propios seres humanos—entusiasmados por promover el conocimiento y la protección

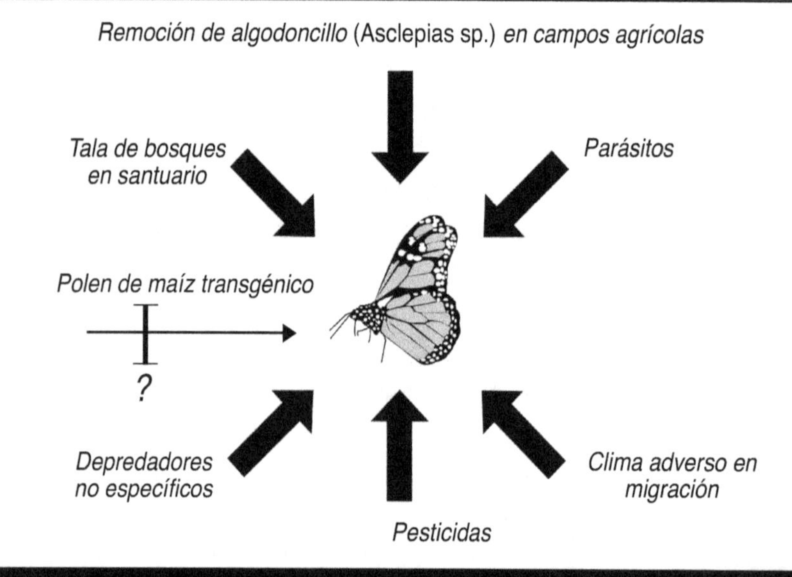

Figura 7. La mariposa monarca está sujeta a varios factores de riesgo durante su ciclo de vida y especialmente durante su travesía por el continente americano. Cada uno de ellos contribuye de alguna manera a diezmar las poblaciones, las que siguen disminuyendo en forma significativa. Dentro de una política de conservación completa, ¿cuáles supone usted que serían las acciones para evitarlo?

de las mariposas— al cultivar las larvas han aumentado la incidencia de un parásito, el protozoario *Ophrycystis elektroscirrha*. Esto sucede porque al liberar a las mariposas producidas inadvertidamente han aumentado la frecuencia de infección entre los ejemplares libres.

Monarca sabía que en su trayecto —y en la vida de su especie— habían encontrado otros problemas: en Estados Unidos el alimento para sus orugas era considerado como una maleza, porque crece en sitios perturbados; asimismo, ahí, donde avanzaba la civilización, se construían casas y se sembraban plantas de ornato, y entonces había cada vez menos alimento para ellas y otros bichos, de esos que normalmente se embarran en el parabrisas, y tapan los radiadores. Más aún, el avance de las actividades agrícolas les había ocasionado el mismo problema en el campo. Aunque más que la pérdida del algodoncillo, los dos factores que más las amenazaban eran las carreteras, con sus coches a toda velocidad, y los plaguicidas químicos que se asperjan sobre los cultivos indiscriminadamente y que no sólo fulminan a la que tenga la mala suerte de pasar por ahí, sino que arrasan también con otros insectos, y afectan a otros animales. Bien sabemos que si se mueren los polinizadores, también hay un impacto en el algodoncillo y en las demás plantas con flores, en el corto, mediano y largo plazos.

Monarca dejó sus reflexiones y comenzó la jornada de vuelo. Pasaría día tras día intercalando vuelo continuo y descanso. Planeaba llegar hacia el Día de Muertos, pues en esos días recibían un trato especial, que las hacía sentir parte de las ceremonias. En las más poéticas tradiciones mexicanas, se insinúa que sus muertos retornan en forma de mariposa para que los recuerden. Ella también esperaba identificar a algún ancestro suyo entre los oferentes y los cultivadores de la flor de *zempoalxóchitl*.

Al final, su plan de vuelo no falló. Vislumbró lejanamente los cerros, el verdor oscuro de las coníferas y los aromas que serían sus acompañantes. Sin embargo, la llegada a Cerro Pelón fue triste. El panorama era más desolador de lo que le habían contado. En los cinco santuarios que había en México, de unas 16 mil hectáreas, con unas cuatro mil 400 de las áreas del núcleo, cerca de la mitad de los bosques había sido dañada por la tala del oyamel y del pino, su principal refugio. En Cerro Pelón, el santuario más grande, el 45.5% del bosque estaba deteriorado; El Campanario, Chivati-Huacal, Sierra Chincua y Cerro Altamirano, no corrían mejor suerte.

La zona en que se instaló tenía una densidad de población de 10 millones de mariposas por hectárea; casi mil mariposas conviviendo en un metro cuadrado. Percibió el clima que le ofrecían los bosques a esa altura. La luz y el suelo eran color naranja. Estaba optimista. Descansaría hasta febrero, fecha en que, estaba escrito, se aparearían antes de regresar. Su optimismo era lógico: ella era también un símbolo de la lucha del hombre por subsistir, por mejorar sus condiciones de vida y de producción y, al mismo tiempo, de conservar el medio ambiente y su relación con él. Sus destinos estaban entrelazados y la conciencia se había despertado. Lo demostraba el intenso debate sobre su especial alimento, y las actuales presiones y los cambios en las estrategias de los humanos para producir los suyos.

11

La granja de los animales

La gallina se acercó al resto de sus compañeras de gallinero y, en voz baja, aprovechando que el puerco se encontraba a suficiente distancia, comentó alarmada:

—¡Híjoles!, creo que mañana sacrificarán al pobre del puerco.

—Otra vez tú con tus histerias —replicó la más vieja, una gallina clueca—. Hace unos días temías por la ternera; después por su madre, la vaca lechera; ahora, por el puerco. ¿Qué te hace pensar que lo van a sacrificar?—preguntó molesta.

—Pues fíjense que escuché claramente a los dueños de la granja decir: "¡mañana les damos chicharrón a las gallinas!"

Se miraron unas a otras, sin entender por qué la gallina clueca sufría un desmayo.

—Finalmente —comentó la más joven, una gallina miedosa—, no tenemos nada en común con el puerco, que es un cochino.

La reacción no había sido la misma cuando se enteraron del sacrificio de la ternera, por la que tenían un aprecio especial. Hacía unas semanas había corrido el rumor de que sería sacrificada con dos propósitos: uno, hacer milanesas y, dos, porque necesitaban uno de sus estómagos para fabricar "cuajo". El cuajo era una sustancia líquida con la que coagulaban la leche para elaborar quesos, como el *camambert*, producto del que en gran medida dependía la salud económica de la granja. Después de haber vivido varios días en zozobra, se enteraron de que siempre no habría sacrificio gracias a la ingeniería genética. De momento pensaron que la ingeniería genética era alguna organización gubernamental que velaba por la salud de los animales. Pero el conejo, que había sido liberado de un laboratorio de producción de vacunas gracias a una manifestación del grupo Salud Animal A. C. de C. muy V., las sacó de dudas: tales organizaciones sólo cuidaban a los ratones y a los conejos de laboratorio, pero no a las terneras, pues sus miembros eran amantes consumidores del queso y del vino.

Más tarde se enteraron de que la ingeniería genética era una técnica mediante la cual se podía evitar el sacrificio inútil de animales. Al menos eso les contó un pájaro bien enterado. La cosa iba más o menos así: sucede que hay en el estómago de la ternera, entre otras cosas y otras proteínas, una enzima, es decir, una proteína que cataliza una reacción de sumo interés para la industria. Esta enzima de la ternera se llama quimosina, pero le dicen *cuajo*, aunque eso ya lo sabían (parece que lo sabía hasta el buey, pues todos habían visto cómo preparaban el queso). En el estómago de la ternera, la enzima sirve para digerir las proteínas de sus alimentos; pero fuera del ambiente ácido de este lugar, al añadirse a la leche de la madre (la vaca), ocasiona que las proteínas se agreguen y coagulen. Esa cuajada constituye el queso fresco que después es tratado y almacenado para que los hongos o las levaduras agregados u otros bichos del medio ambiente lo maduren. Para esto, claro, hay que sacrificar a la ternera, sacarle el estómago, hacerlo jugo y extraerle la proteína. Había un creciente malestar entre las vacas, pues la cada vez mayor demanda de queso hacía que no se dieran abasto produciendo terneras para quitarles el estómago. Habían incluso amenazado con una campaña entre los vegetarianos que sólo comían queso, para informarles lo que por años habían estado comiendo haciéndolos, además, responsables del sacrificio de animales.

—Ahora —les había explicado el pájaro—, la ingeniería genética permite producir una proteína igual a la de las terneras, pero usando la maquinaria genética de *Escherichia coli* que, tras muchas indagaciones, supe que era una bacteria, un procariote, es decir, un microorganismo unicelular que apenas mide una micra, y que puede vivir pacíficamente en el intestino de los humanos. Pues bien, ahora es posible transformar esta bacteria introduciendo en su información genética el mismo gen que tiene la ternera, para que produzca la quimosina en cantidades ilimitadas, pues sólo se requiere un tanque de fermentación donde pueda crecer y multiplicarse. A la bacteria modificada genéticamente e incluso a veces al producto se les llama *recombinantes*.

—¿Pero la quimosina recombinante es igual que la de la ternera? —preguntaron a coro las gallinas, muy enteradas de que esta tecnología utiliza procedimientos similares a los de la recombinación genética que ocurre prácticamente en todos los seres vivos, y hasta en los virus.

—Igualitita, tiene los mismos átomos en los mismos lugares; digamos que químicamente son iguales —respondió de nuevo el pájaro.

—Pa' mí que no son iguales. Cómo van a ser iguales si unas son naturales y las otras son sintéticas —interrumpió el conejo escéptico,

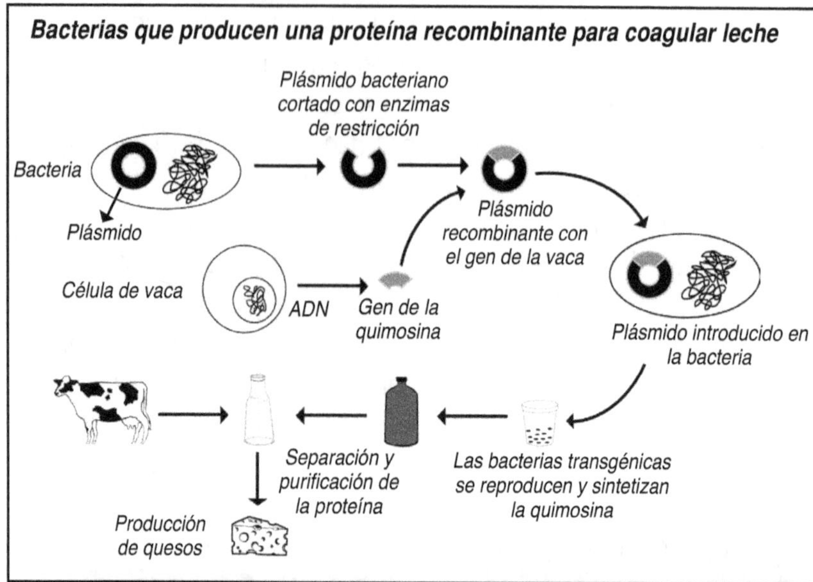

Figura 8. La biotecnología moderna permite disponer actualmente de una quimosina transgénica para la producción de queso a partir de leche de vaca.

repitiendo lo que tantas veces había oído en la granja de los vecinos, donde únicamente se elaboraban productos orgánicos—. ¡Son productos "patito"!

El pato reaccionó de inmediato y aclaró:

—Yo no sé de dónde sacaron esas comparaciones; los patos somos de buena calidad. Pero la diferencia de origen de un compuesto químico, ya sea elaborado dentro de un organismo o dentro de un laboratorio, no los hace estructuralmente distintos; la diferencia está en qué tan puros quedan al final.

Para entonces el puerco ya se había incorporado al grupo, así que enriqueció la discusión:

—¡El pájaro dice la verdad! Sí son iguales. Toda la familia de parte de mi madre fue sacrificada para quitarle el páncreas a fin de extraer la insulina. Esta proteína es una hormona que requieren los diabéticos para poder asimilar bien el azúcar. Pero ahí sí, la nuestra y la de los humanos no son iguales. Hay una pequeña diferencia en uno de los 51 aminoácidos que la componen. Eso puede causar ligeros inconvenientes en el tratamiento de los diabéticos, aunque el principal problema era el abasto, así como la purificación del producto de nuestro páncreas para inyectarlo en humanos. Cuando a la tal *Escherichia*, a la que por cierto ningún animal ha visto, le pusieron un gen para que hiciera una insulina igual a la humana, no sólo se acabaron estos trastornos sino que

Tabla 5. Producción de medicamentos en animales transgénicos.

Medicamento	Enfermedad-objetivo	Animal
α-lactoalbúmina	Anti-infecciones	Vaca
α-1-antitripsina	Su deficiencia causa enfisema	Borrego
CFTR	Fibrosis quística	Borrego, ratón
Proteína humana	Trombosis	Puerco, borrego
Activador de plasminógeno	Trombosis	Ratón, cabra
Calcitocina humana	Osteoporosis	Conejo
Factor VIII y IX	Hemofilia	Puerco, borrego vaca
Fibrinógeno	Tratamiento de heridas	Vaca, borrego
Colágeno	Reparación de tejido, artitris	Vaca
Antitrombina 3 (ATIII)	Trombosis	Cabra
Albúmina sérica humana	Mantiene el volumen sanguíneo	Ratón, vaca
msp-1	Malaria	Ratón

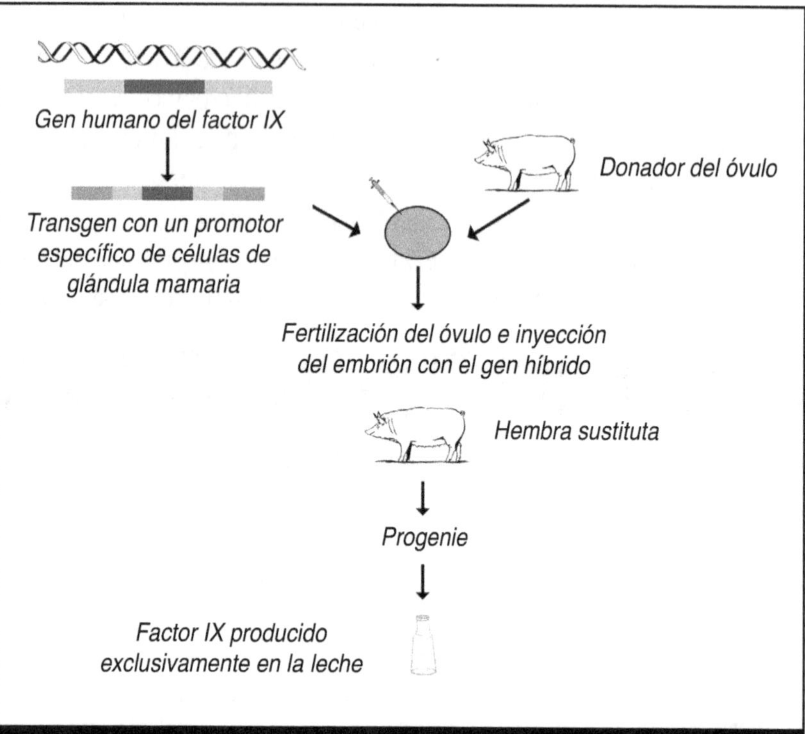

Figura 9. Los cerdos transgénicos producen una proteína humana: el factor IX, usado en el tratamiento de la hemofilia.

el destino de mi propia familia pudo unirse con el de mi familia paterna en los embutidos. Un fin más "natural" para nosotros que ser inmolados en aras de obtener medicamentos —terminó, con tono de tristeza.

—Yo también sabía de las proteínas recombinantes desde antes de que apareciera la nueva quimosina —comentó la vaca, que se había unido al chisme.

—¿Y tú cómo te enteraste? —preguntó el pájaro.

—Pues hace tiempo trajeron a un veterinario con un nuevo producto. Una hormona que también es de naturaleza proteica, y con una inyección a la semana nos aumenta la producción de leche de un 20 a un 30%.

Hace ya casi diez años que esa hormona, que llaman somatotropina (o BGH allende el Bravo), está en el mercado.

—¿Y no te has sentido mal? —preguntó el conejo.

—Bueno, yo no, porque ya ven cómo es el patrón de escrupuloso: sólo la aplica conforme a las recomendaciones. Pero dicen que allá, del otro lado, de tanta leche y tanta ordeña a algunas parientes les ha aumentado la incidencia de mastitis; o sea que se les inflamaron las ubres —dijo ruborizada—. Por eso, si la proteína recombinante no fuera igual a la hormona de crecimiento bovino que naturalmente producimos, no tendría ningún efecto —concluyó, dirigiéndose al conejo.

—Como aclaró el pato —comentó la gallina—, uno prefiere "lo natural" no porque lo sintético no sirva, sino debido a que, por su origen, su contenido es más diverso. Así, es mejor tomar la vitamina C del jugo de naranja, porque además de la vitamina C uno consume otras vitaminas, minerales, fibra, azúcares y, además, disfruta de un delicioso producto de la naturaleza. Pero el efecto fisiológico de la vitamina C sintética es idéntico. Químicamente no hay diferencias y, por lo tanto, el organismo las trata de la misma manera. ¡Vieran qué amarillas están las yemas de los huevos que estamos poniendo desde que nos agregan en la dieta los extractos de la flor de cempazúchitl (flor de muertos), ricos en carotenoides, como los de la zanahoria!

—Sí, ésos los producen en otra de esas agroindustrias de productos sustentables —dijo el conejo, animado al oír hablar de zanahorias—, son muy naturales, pues leí que para extraer todos esos colorantes de las flores o los chiles, sólo usaban solventes "orgánicos".

Sólo rieron los animales que ya habían tomado el curso de Química Orgánica y advirtieron esta confusión.

—El problema de los productos de síntesis química es que pueden tener contaminantes —agregó el menos burro de todos—. La pureza es el factor clave cuando se trata de un producto sintético, ya sea que se use como alimento o como medicamento. Por ejemplo, en los alimentos balanceados nos ponen uno de los aminoácidos más importantes que requerimos en la dieta para fabricar nuestras proteínas: la metionina. Pues sucede que mediante la síntesis química se obtiene una mezcla racémica de metionina L y D.

—¿Una queeé? —preguntó la granja en su conjunto, incluidos los que habían cursado Química Orgánica.

—Una mezcla de dos tipos de metionina que químicamente son iguales, pero, como las patas de la gallina y las manos de los humanos, una es "derecha" y otra "izquierda", y por eso se les denomina L-metionina y D-metionina. Una es la imagen en el espejo de la otra. Además, cuando están disueltos en agua, cada forma del compuesto hace girar un rayo de luz polarizada, los L hacia la izquierda (de *levo*) y los D hacia la derecha (de *dextro*). Bueno, pues sucede que en muchas ocasiones el organismo nada más puede asimilar una de las dos formas "ópticas". Así, de los aminoácidos como la metionina, la lisina y otros veinte ejemplos en total, sólo pueden utilizarse los de tipo L para fabricar proteínas; también en las células la forma que se produce es exclusivamente la L, mientras que en el laboratorio se sintetizan mezclas racémicas, es decir, L y D, mitad y mitad. Por otro lado, únicamente asimilamos los azúcares en la forma D. Ésta es una de las grandes ventajas de los procesos biotecnológicos para producir aditivos para la industria, ya que en muchos se emplean microorganismos ge-néticamente modificados que sintetizan sólo la forma aprovechable —concluyó el menos burro.

—¿Y cómo sabemos si estamos comiendo L o D? —preguntó el más burro.

—No lo sabemos pero, en general, el organismo simplemente no asimila la forma incorrecta de la sustancia. En otros casos, la sustancia no tiene actividad óptica, es decir, su imagen en el espejo es igual de uno y de otro lado, como la del alcohol de caña (CH_3-CH_2-OH). En los medicamentos, el asunto es mucho más serio. Una forma óptica puede actuar como fármaco, mientras que la otra puede ser altamente tóxica; ése fue justamente el caso de la talidomida, un medicamento para el dolor que se produjo en Europa durante los años cincuenta y que causó miles de nacimientos con malformaciones. Hoy ya se sabe que el problema surgió por haber usado una mezcla racémica (L- y D-talidomida) en el tratamiento de las jaquecas de las mujeres embarazadas. Afortunadamente para los estadounidenses, la FDA no se dejó presionar por las compañías farmacéuticas para autorizar el medicamento, que sí se autorizó en algunos países de Europa, cuando aún no había suficientes evidencias sobre su inocuidad. Como verán, por un lado, esto de decir que dos sustancias son iguales o no tiene muchas aristas y, por el otro, es fundamental el papel de las agencias de regulación para aprobar tanto los medicamentos como los nuevos alimentos—concluyó nuevamente el menos burro, alumno consentido de la tortuga, la maestra de historia.

—El problema de los productos de síntesis química es que consumes cantidades exorbitantes y, a la larga, causan cáncer —insistió el conejo.

—Pues sí y no —le contestó el menos burro—. Como muchos de tus parientes han demostrado en los laboratorios, consumir *cualquier* alimento en altísimas dosis puede causar efectos tóxicos. Por ejemplo, cuando los dueños de la granja no tienen más que para frijoles, ya ves cómo se ponen. Hubo una época, cuando se demostró el beneficio de la fibra en la salud, en que se puso de moda consumir cereales integrales. Y con esa idea que tienen muchos de que si algo es bueno, más es mejor, le entraron a la fibra con mucha fe.

—Efectivamente —intervino la vaca—, ahora se sabe que si se consume demasiada fibra entonces se tienen deficiencias en la asimilación de minerales por la presencia en ella de unos compuestos de fósforo denominados fitatos, los cuales atrapan a los minerales y, además, no se digieren. Y por cierto, volviendo a la ingeniería genética, lo que quizás no saben es que ese fósforo de los fitatos sale en las heces de humanos y animales, incluidas las nuestras, y contaminan el suelo y después el agua. Pero ahora, a muchos de los alimentos balanceados se les agrega una enzima, la fitasa, que degrada los fitatos no sólo para que los animales puedan asimilar el fósforo sino para evitar la contaminación del suelo y del agua. En un futuro, los cereales del alimento podrán contener naturalmente la fitasa, previa modificación genética.

—Yo creía que el suelo se contaminaba con los fosfatos y los nitratos de los fertilizantes —comentó el puerco.

—También —añadió la vaca—. Por eso hay la esperanza de que con los avances de la biología molecular pronto se conozcan con detalle sistemas biológicos como el de la fijación del nitrógeno. Podrán surgir entonces plantas transgénicas que no requieran fertilizante; algo con mayor impacto que las plantas transgénicas actuales, algunas de las cuales no requieren insecticida.

—Pa' mí que tú ya tienes el mal de las vacas locas —le dijo el conejo.

Pero no hubo tiempo de responderle. De pronto se produjo una gran algarabía; los dueños de la granja se retiraban entre los animales llevándose a las gallinas colgadas de las patas.

—¿A dónde las llevarán? —se preguntó el puerco—. Tal vez vayan a vacunarlas —se dijo a sí mismo animado por la conversación.

12

Los tiempos del taco

 Aquella mañana todo parecía normal. Subí al cerro del Tepozteco en tan sólo 25 minutos y descendí más rápido que de costumbre ante la perspectiva de las tradicionales quesadillas del mercado. Mi afición por antojitos y fritangas era reconocida en el pueblo.

—Ahora sí tenemos de *cazahuate*, joven —me dijo la señora Carmen, dueña del puesto que frecuentaba y frente al cual me encontraba cuando aún no había recuperado el aliento.

—También hay flor de calabaza, picadillo, papa con chorizo, tinga y requesón.

—¿Y eso rojito qué es? —le pregunté curioso ante un extraño guisado con aspecto de betabel descolorido y seco que la señora escondía tras la masa.

—También son hongos, pero *teonanácatl*. La verdá, los trajeron esos jóvenes de blanco del Ejército de Salvación Verde; iban a la pirámide qu'esque a cargar energía, ¿usted cree?, ¡si allá ni enchufes hay! Quedaron de venir a comerlos en la tarde antes de que cierre.

—Se ve bueno, 'ñora; deme dos de hongos y, no sea mala, regáleme una probadita de la cosa ésa, al fin que hay para un regimiento —le dije pasando saliva ante la perspectiva culinaria.

—Ta' bueno, pero yo no respondo, ¿eh? —me dijo sonriendo—, ya ve que ésos, con el pretexto de que es cien por ciento natural, luego se meten cada cosa...

Me senté agotado en la banca mirando el verdor de las peñas que asoman por encima del pueblo y el contraste con un cielo de un azul muy evidente. En pocos minutos doña Carmen puso frente a mí dos quesadillas de *cazahuate* de maíz azul y un taco de maíz blanco con el extraño relleno. En primer tiempo acabé con una quesadilla, y me dispuse a entrarle al taco. Lo tomé por el centro y le di una mordida de casi la mitad del taco. Mientras sentía cómo un líquido astringente me invadía la boca, me asomé por un extremo del taco extrañado de que los hongos tuvieran tanto jugo.

Para mi sorpresa, en un santiamén había yo entrado materialmente al taco, introduciéndome repentinamente en un túnel de maíz, a la manera de *Alicia en el país de las maravillas*. Era un túnel del tiempo.

Un sonido envolvente de *teponaztlis* despertó mi curiosidad y me obligó a iniciar la marcha por el sendero que se abría a mi paso por el túnel. No tardé mucho en llegar a un solar donde estaban indígenas mesoamericanos que identifiqué como hombres de ciencia del México antiguo —tal vez los sacerdotes consagrados a Quetzalcóatl, cercanos del Ce Acatl Topiltzin. Hablaban y probaban alimentos de unas cazuelas cerca de un grupo de mujeres que, en el suelo, usaban su metate, un fogón y los comales; los tecnólogos en alimentos del Anáhuac hacían experimentos agregando piedra caliza al maíz desgranado.

—¡Deténganlos! —gritaban a coro los de tilmas blancas y antifaces negros, con los ojos y la boca pintados, plantados en grupo y rodeados de varias decenas de curiosos.

—¿A quién se le ocurre echarle cal al legado de nuestros dioses? ¡Con nuestros alimentos no se juega! ¡No sabemos qué efectos pueda tener esto a largo plazo en la salud del pueblo tolteca! ¡Lo denunciaremos al Consejo de Ancianos! ¡No a la fabricación del *nixtamal*! —gritaba un indígena con un penacho verde y aspecto de líder.

—Pero la nixtamalización liberó vitaminas como la niacina, mejorando el valor nutritivo del maíz, además, mejoró también su digestibilidad, el nivel de fibra soluble y sus propiedades sensoriales y dio lugar a la tortilla —escuché a alguien decir desde el fondo del túnel.

Eché a andar de nuevo por el túnel, esta vez atraído por el ruido de máquinas y voces, hasta que el ambiente se volvió muy árido. Allí, nuevamente otros hombres, a todas luces nacionales, pero ahora con facha de agrónomos e ingenieros, aplicaban sus conocimientos. Discutían encima de unos planos, a la par que otro grupo, vestidos de overol, paleaban maíz nixtamalizado dentro de un enorme molino, mientras que por un extremo salía harina de maíz que se dispersaba por el desierto y se perdía en el horizonte.

—¡Están acabando con nuestras tradiciones! —gritaban ahora otros inconformes observando la escena—; sólo las tortillas de metate y hechas a mano son tortillas, lo demás es comida industrial. ¡Es el fin del maíz y la tortilla!

Pero a pesar de sus gritos, la harina llegaba ahora más lejos que antes, incluso más allá de nuestras fronteras, y se transformaba no sólo en tortillas sino en decenas de nuevos productos que también se veían salir de ese molino en forma de cuerno de la abundancia. Sufrí un sobresalto cuando vi que uno de estos productos eran los nachos. Pensé en escabullirme y retroceder, pero ya no había camino de regreso en el túnel del taco: tenía que afrontar las consecuencias de avanzar.

Llegué así a una clínica de salud atendida por personal de blanco que parecía venir de un mural de Rivera. En este lugar, todos los medicamentos estaban elaborados a partir del maíz. Revisé con curiosidad uno a uno los frascos, todos con contenidos familiares: tortillas, pozole, chalupas, totopos, tamales, garnachas, tlacoyos, y muchos más. Lo interesante eran sus etiquetas y los anuncios en los estantes: ¡Excelente fuente de calorías! ¡Setenta por ciento de los mexicanos en el campo lo demuestran! ¡Úsese en la prevención y el tratamiento del cáncer de colon!, decía otro. ¡Auxiliar en la lucha contra la pelagra! ¿Dientes blancos y sanos? ¡Cuando el indio encanece, el español no aparece! Y así por el estilo. Continué mi camino reflexionando sobre la idea de que todo alimento es un medicamento preventivo, y apuré el paso ante el recuerdo de mi tratamiento con quesadillas, hasta llegar a un gran salón. Se trataba de una especie de pabellón del futuro poblado por grupos de discusión en mesas de trabajo, exposiciones, locales, productos..., una mezcla extraña de feria y kermés. En el primer local se preguntaba al visitante: ¿Sabe usted quién fue...?, y enseguida se presentaban fotografías y resúmenes de la obra de pioneros e innovadores en las áreas de agricultura y nutrición. Distinguí a algunos: Vavilov, MacClintock, Borlaug, Potrykus y Whithaker, y entre los nacionales a Efraín Hernández-X., Evangelina Villegas, Luis Herrera-Estrella, Héctor Bourges... y una docena más que no reconocí. A partir del segundo local se exponía comida; los que se acercaban degustaban muestras con mucha calma y tomando notas. Recordé que sólo había comido una quesadilla y medio taco y me acerqué a un local más grande donde había servicio de restaurante. Un letrero en la entrada rezaba: "Tacos de trans..." pero un globo me impidió leer la continuación. "¡Mmmmm!", me dije, "han de ser tacos de moronga, de los que hacen en Transylvania", por lo que apresuré el paso acelerado por el recuerdo de los tacos de vampiro, otrora famosos en la ciudad de México.

No acababa de sentarme cuando una bella mesera ya me había ofrecido un plato con dos tortillas sobre las que, entendí, había que vaciar alguno de los contenidos de las muchas ollas de barro que se mantenían calientes sobre otras tantas hornillas al fondo del local.

Mientras daba la primera mordida al taco que me había preparado pude ahora, desde mi lugar, leer claramente el cartel del local: "Tacos de transgénicos".

"¿Qué será eso de transgénicos? ¡Me van a drogar!", pensé asustado. Pero el sabor familiar del guiso me tranquilizó. Leí la información que estaba distribuida en las mesas, mientras continuaba deglutiendo: "Tacos y quesadillas elaborados según las recetas tradicionales con ingredientes obtenidos de variedades mejoradas genéticamente desarrolladas en nuestro país. Proceso de evaluación organoléptica".

Me tranquilizó más el hecho de que fueran "mejoradas", pero no entendía lo del segundo término. Sin duda debí de hacer algún gesto extraño pues rápidamente la mesera vino en mi auxilio, acompañada por otro mesero más joven.

—¿Ya conoce usted los detalles de la evaluación? —preguntó solícito el segundo.

—Pues no completos —contesté—. Sobre todo lo del órgano léptico.

—Se trata de un evento de degustación; es decir, de apreciación de sabores, colores y texturas de alimentos producidos con ayuda de la tecnología del ADN recombinante en su fase de evaluación experimental —respondió.

—¿Experimental? ¿Quiere decir que me están usando de conejillo de indias para evaluar estos nuevos productos? —pregunté mientras acababa de pasar el delicioso bocado.

En tanto, fui recordando lo que había leído en la prensa sobre los alimentos transgénicos. Recordé incluso haber escuchado algo sobre un grupo que irrumpió en un supermercado para advertir que había seres humanos dispuestos a acabar con el planeta y con sus habitantes alterando los alimentos con genes. Yo pensaba que ya el gobierno y los científicos habían detenido esta amenaza, pero ahora constataba que no.

—¿Qué no llegó aquí voluntariamente, señor? —me preguntó la chica en un tono que francamente no podía tener ningún riesgo.

—Bueno... este, yo no sabía que se habían aprobado tantos cultivos de este tipo para consumo humano —comenté.

—No tienen aún una aprobación definitiva, pero usted podría ayudarnos a realizar las pruebas faltantes —respondió—. En realidad un alimento nunca deja de evaluarse.

—Y ¿dónde está lo transgénico?

—Mire, de entrada, las tortillas se elaboraron con maíz BT, resistente a insectos. Puede estar usted seguro de que la nueva proteína que ahora contiene, no le hará ningún daño. Por el contrario, como ésta hizo resistente al maíz, ahora hay menos riesgo de que esté usted comiendo plaguicidas organofosforados que afectan su sistema neurotransmisor. También, a diferencia del maíz orgánico, es poco probable que éste tenga aflatoxinas, el cancerígeno más potente en el planeta, pues la planta es más sana y menos susceptible a la invasión por hongos tóxicos cien por ciento naturales.

—Pues no me sabe a nada la BT —comenté—, pero el queso sí me sabe medio raro.

—Este queso viene de vacas clonadas. Las mejores razas del país reproducidas en serie. Su leche tiene ahora un perfil más deseable en grasa, con dosis extra de ácidos grasos omega 3, de esos que hay en el aceite de pescado y que hace a los esquimales tan saludables. Contiene, además, la lactosa predigerida mediante una enzima que se ha expresado directamente en la glándula mamaria de la vaca, de tal forma que se acabó la intolerancia a la lactosa. Para los niños, se produce también una leche con lactoferrina, sustancia que hasta ahora sólo se podía obtener de la leche materna. Finalmente, el queso es cuajado con un producto especial elaborado por un microorganismo recombinante: la enzima quimosina. Antes, ésta sólo se obtenía del cuarto estómago de las terneras sin destetar, pero ahora la produce *Escherichia coli*.

Me alegré ante la expectativa de que ya no mataran tanta ternera, y que mi hijo, intolerante a la lactosa, pudiera volver a tomar leche aunque, en lo personal, yo seguía prefiriendo las quesadillas de flor de calabaza, y así se lo hice saber.

—Pues lo que está comiendo —me aseguró el joven— es de una variedad de calabacita transformada con un fragmento del gen del virus del mosaico que impide su infección y deterioro por otros virus relacionados.

—Pues sabe igual —le dije—, hasta parece "natural".

—El concepto de "natural" es verdaderamente filosófico —me comentó la chica—. El cólera es ciento por ciento natural, como lo son las toxinas del alacrán, las que producen el botulismo y el tétanos e incluso el mortífero gas mostaza.

—Bueno dejémonos de venenos y páseme las rajas con crema —in-terrumpí hambriento y cansado de tanta propaganda—. Son normales, ¿no?

—Todo depende de su concepto de normalidad —me respondió sonriente la mesera—. Einstein planteó que el tiempo y el espacio son magnitudes relativas; la normalidad biológica también lo es, así que sepa usted que justamente estamos evaluando esta variedad de chile poblano que está protegido contra el llamado virus huasteco, un geminivirus que es "normal" que deje en la miseria a los productores del centro del país.

—¿Y la crema? —pregunté, seguro de que recibiría un paquete de información tecnológica. Pero la chica únicamente me sonrió.

—Ahora pruebe las papitas con chorizo —casi me ordenó el joven mesero, al tiempo que vertía una porción de éstas sobre mi tortilla.

—¡Ándele! —respondí agradecido ya que estaba dudando entre en-trarle al picadillo o al choricito—. Y aquí, ¿cuál es el adelanto? —pre-gunté medio en burla—: ¿chorizo a base de un texturizado de soya transgénica?

—No, se trata de papas de la variedad "rosita", que puede resistir a la plaga de los escarabajos gracias a un nuevo gen que le permite producir la proteína *cry*3A del *Bacillus thuringiensis variedad tenebrionis*; también resiste al virus del grupo de los potyvirus, que incluyen al virus X, al Y, y a otro que causa el enrollamiento de las hojas. Por otro lado —continuó—, el chorizo y las carnitas que encontrará en el local de enfrente, si bien son cien por ciento de puerco, se pueden producir gracias al cultivo de soya. En México se producen poco menos de cuatro millones de toneladas de alimento para cerdos.

—¿Y también vamos a probar de ése?

—No, pero también es transgénico. Para hacer ese alimento se usaron 850 mil toneladas de pasta de soya, es decir, más de un millón de toneladas del grano resistente al herbicida glifosato.

—Oiga, yo siempre me ando topando con gente que sabe mucho de alimentos y de biología molecular, ¿qué andan haciendo ustedes de meseros?

—Es que somos estudiantes del posgrado en Ciencias Bioquímicas de la Nacional, y como se nos acabó la beca aceptamos esta chamba en el túnel del maíz.

—¡Ah! ¿Entonces, es verdad que aquí todo es transgénico? —pregunté sorprendido.

—¡Claro! —contestaron los dos al mismo tiempo—. Pero lo mejor está aún por venir —continuó ella—. En los locales que siguen, que son los del futuro próximo, usted podrá degustar ricos aguacates producidos en el desierto de Sonora; o bien, mangos y papayas que se mantienen frescos por periodos largos; fresas sin amibas; plátanos que protegen a sus niños contra enfermedades; maíz de zonas áridas; trigo de suelos salinos; frijoles de suelos tropicales ácidos...

Saciada el hambre, comencé de nuevo la marcha. Pronto llegué al final del túnel que desembocaba en un sitio alto desde donde se podían observar grandes extensiones de cultivo de maíz. Las aguas fluían limpias y el aire había recuperado su transparencia.

"Esto es un sueño", me dije incrédulo.

—¿Y qué cree que está haciendo? —me preguntó la mesera de minifalda.

¿La mesera de minifalda? No, qué va, era doña Carmen, con su rebozo, que me movía suavemente un poco angustiada, mientras yo me descubría recostado sobre la banca del mercado y con medio taco de alucinógenos en la mano.

13

Terapia génica

Forma parte de la curación el deseo de ser curado.
SÉNECA

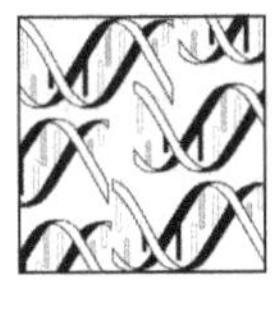 Aquella mañana, Genaro llegó temprano a su cita con el doctor Velázquez. La recepcionista le dio la bienvenida y le pidió esperar a que el doctor llegase. Le informó que no tardaría mucho pues se encontraba pasando la visita matutina a sus pacientes internos en el hospital.

La sala estaba vacía; sin embargo, la enfermera observó la manera nerviosa en que Genaro escogía asiento; finalmente se colocó frente a la mesa en la que se encontraban las revistas médicas, y tomó la que estaba más a su alcance. La enfermera sonrió al percibir que era el último número de la revista del hospital; número dedicado a la terapia génica. Días atrás, cuando Genaro solicitó la cita, no quiso proporcionar ningún dato sobre sus antecedentes, ni sobre el motivo de la cita; únicamente se cercioró de que el doctor Velázquez estuviera al tanto de los últimos adelantos en genética. El doctor, por su parte, había aceptado recibirlo ante el carácter "urgente" del llamado.

—Adelante por favor —dijo el doctor Velázquez, entrando a paso acelerado al consultorio, consciente de que el paciente lo esperaba. Una vez instalados se dirigió a Genaro mientras abría un nuevo expediente en el que tomaría notas sobre sus antecedentes, y comenzó el clásico interrogatorio—. Dígame, ¿en qué puedo servirle?

—Doctor —comenzó Genaro nervioso—, seguramente usted está más al tanto que yo de estos asuntos y, bueno, yo no soy un hombre de muchos conocimientos, pero, caray, he estado leyendo mucho sobre lo que está sucediendo con la genética, y he oído a algunos famosos locutores de la radio y la televisión... —parecía cada vez más tenso y nervioso, pero ante el silencio del doctor, que le prestaba toda su atención, continuó—: y, bueno, he sabido también de los movimientos de muchas organizaciones en todo el mundo, y que ya ganaron en Europa, por cierto, y eso de Frankenstein, y creo que hasta ya quemaron varios restaurantes...

Al fin el doctor Velázquez se atrevió a interrumpir el monólogo cuyo destino final no atinaba a adivinar; él, un experto en errores innatos del metabolismo causados por enfermedades de origen genético y al tanto de los últimos avances en la posible terapia génica para la corrección de los primeros, todavía no ligaba su experiencia con el monólogo de su paciente.

—Pero, en concreto, don Genaro, ¿a usted qué le trae por aquí? ¿Qué le duele? —preguntó atento el doctor.

—Pues, a mí, doctor, lo que me duele son los genes —dijo de un golpe Genaro, relajando el cuerpo sobre la silla.

Las miradas se encontraron por un instante que pareció muy largo; el doctor pensaba que su paciente de un momento a otro soltaría una carcajada; Genaro esperaba que de pronto el doctor comenzaría toda una serie de maniobras como las que se suceden cuando un herido entra a la sala de urgencias de un hospital. Sin embargo, los segundos transcurrieron sin que ninguno respondiera a las expectativas del otro.

El galeno decidió explorar cauteloso:

—¿Y dígame, dónde es ese dolor, don Genaro?

—Es por todo el cuerpo —respondió presuroso, sintiendo que comenzaba el proceso de auscultación.

—¿Por todo el cuerpo? Mmmm, ¿podría ser un poco más específico?

—Pues mire, empieza desde la mañana, después del desayuno, sobre todo si tomo cereal de esos americanos; no se diga si le pongo leche, por eso de las hormonas; al mediodía, en mi torta trato de evitar los jitomates y no se diga el queso, por aquello de la enzima transgénica que se usa para cuajar la leche, pero si por alguna razón se cuela, se me agudiza la crisis; ya ni siquiera me paro en los restaurantes naturistas, pues una de las cosas que más daño me causa es la soya. Pero si tengo que comerla por causas de fuerza mayor, entonces el dolor se hace más intenso. Incluida la salsa de soya, ya dejé los *sushis*. La semana pasada, cuando leí que el maíz se usaba no sólo en los tacos, sopes, tlacoyos y chalupas, sino también en el aceite de cocinar, y que de ahí estaban sacando hasta el azúcar para los refrescos y muchos de los componentes de las sopas y de los alimentos procesados y que con este maíz se alimentaba al ganado de donde se obtenía la carne, entendí aquella nota que decía que había "transgénicos hasta en la sopa" y, de plano, ya no quise ni salir de casa, y estoy alimentándome exclusivamente de agua destilada sin azúcar que, según la organización ecologista La Pura Vida, perdón, La Vida Pura, es lo único que puede asegurarse hoy en día que está libre de transgénicos.

El doctor desistió de llamar por el interfón a su secretaria y, ante la seriedad con la que Genaro se quejaba, decidió indagar más sobre el asunto.

—¿Sabe, don Genaro, que los genes que heredamos de nuestros padres los tenemos en prácticamente todas las células del cuerpo? Si dejamos fuera las células de la sangre, usted encontrará sus genes en las células de sus músculos, órganos, nervios, piel..., en fin, en casi todo lo que, físicamente, es usted.

—Justamente, doctor —respondió ansioso—, por eso me duele todo. No sabía lo de los nervios, pero eso explica entonces por qué tampoco puedo dormir.

—¿Y por qué cree que algo de lo que ha estado comiendo es la causa de sus dolores en los genes? —preguntó el doctor, empezando a arrepentirse de haber entrado en el juego.

Genaro lo miró extrañado. No se esperaba ese tipo de preguntas sino la toma inmediata de acciones al respecto. Sin embargo respondió:

—Pero pues si está en todas partes, doctor. Los expertos ecologistas lo han dicho en múltiples foros. Nuestros alimentos están infestados de genes de virus, de bacterias, de hongos; y no sólo eso sino que también estamos comiendo genes de pescados, de levaduras, de muchos insectos, de todo tipo de animales; a los pobres bebés les están dando estos genes en las papillas. Los daños son irreversibles, doctor, ya lo dijeron, no se sabe qué va a pasar con la gente que come esto, ni los científicos de Estados Unidos lo saben, doctor; y ya hay casos de cáncer y de alergias en todo el mundo. Los europeos afortunadamente se dieron cuenta de esto a tiempo y están prohibiendo todos los transgénicos. Pero aquí, doctor, las autoridades no están haciendo nada... Es por eso que me urge una terapia génica. Necesito deshacerme de todos

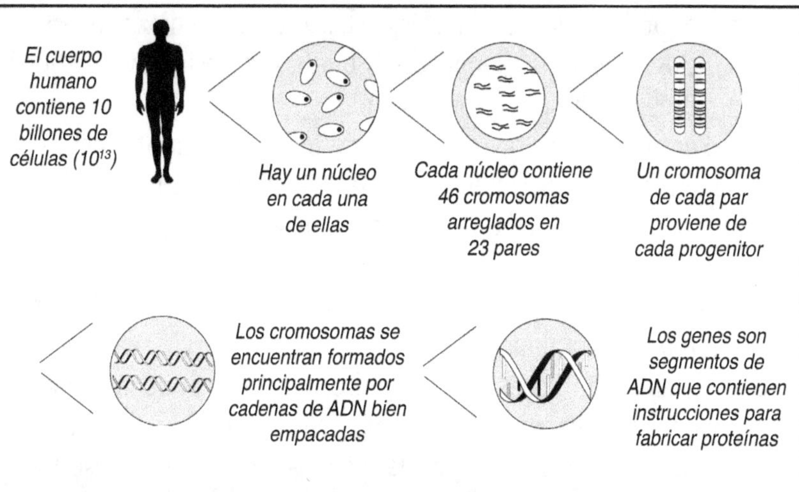

Figura 10. El ser humano y sus moléculas: no hay ninguna relación entre los genes que comemos con todos los alimentos y los genes de nuestras células.

esos genes tóxicos que he comido; sobre todo los de los virus que sin duda son los más peligrosos, y que están afectando seriamente a mi organismo.

—Calma, don Genaro, calma—le dijo. No sabía por dónde abordar la problemática y ciertamente el grado de confusión y de temores de su paciente era mayúsculo—. En primer lugar, los genes son moléculas hechas de ácidos nucleicos, y éstos no son más que repeticiones de cuatro sustancias que los biólogos llaman A, C, G y T, por las iniciales de adenina, citosina, guanina y timina; eso es el ácido desoxirribo-nucleico o ADN, y venga de donde venga, que obviamente siempre será de un organismo vivo o de un virus, tiene esta composición. En segundo lugar, déjeme decirle que hasta ahora nadie se ha enfermado por comer un producto transgénico. Más de 40 millones de hectáreas se cultivan al año no sólo en Estados Unidos sino en Canadá, en Argentina, y en países como China, donde los transgénicos han resuelto

143

diversos problemas de abasto. Desde hace ya más de diez años estos productos se vienen consumiendo sin que hasta la fecha haya existido algún problema asociado con la salud...

—Perdóneme, doctor —interrumpió molesto Genaro—, pero yo supe que en Estados Unidos y en México, incluso, se tuvieron que retirar miles de toneladas de un maíz transgénico peligroso para la salud.

—Mire, don Genaro, el simple hecho de que ese maíz no estuviera *aún* aprobado para alimentación humana, debería servirle de señal de que hay un control sobre los transgénicos y que sí se evalúan sus riesgos. Ese maíz produce una proteína proveniente de la bacteria *Bacillus thuringiensis* que da resistencia a las plantas contra muchos insectos. Hay más de una decena de proteínas de este grupo de bacterias que se usan comercialmente y que se ha probado que son inocuas para los seres humanos. La de esta variedad de maíz llamado *Star Link* era distinta, pero del mismo tipo y denominada *cry*9C; se sospechaba que pudiera causar alergias pues, a diferencia de las otras, ésta no se digiere bien. Por eso no se aceptó inmediatamente para consumo humano, pero las autoridades alimentarias de Estados Unidos cometieron un error: la aprobaron para que la consumieran los animales, pues en éstos no se detectaron problemas. No tomaron en cuenta que en ese país se producen más de cien millones de toneladas del grano y que sería bastante probable que en algún lugar de los centros de acopio del grano se mezclaran los maíces transgénicos de ambos tipos. Cosa que sucedió.

—¡Ya ve! —insistió Genaro, sobándose los brazos.

—Pero mire, don Genaro, la experiencia ha sido mala para las compañías y para los sistemas de control que no pudieron evitar la mezcla de maíces. Es una llamada de alerta para ambos. Pero, por otro lado, ¿sabe cuántos casos de alergia se han reportado? De los 20 o los 30 casos que supuestamente causó ese maíz, en ninguno se detectó a los anticuerpos del tipo llamado inmunoglobulinas E (IgE) contra la proteína nueva, en la sangre de los pacientes. Esto significa que no hubo casos de alergia real por esa lamentable fuga, aunque hay miles de seres humanos alérgicos a la leche, a las nueces, a las fresas, al pescado, etcétera. Si bien hay alimentos más alergénicos que otros, la alergia es más una respuesta individual que una consecuencia directa y automática al consumir un determinado alimento.

—Pero, ¿es que no hubo cientos de intoxicados en México?, ¿no tuvieron que atender aquí a nadie? Yo leí en los periódicos que las Gordas de Maseca estaban envenenadas y que, por eso, Minsa y Maseca no usarían transgénicos. Es más, que tampoco lo harían otras grandes compañías alimentarias.

—Pues no es así, don Genaro. Como se dará cuenta, muchas noticias alarmistas carecen de todo fundamento. Aunque, por otro lado, los organismos que tienen una postura fundamentalista contra los transgénicos saben cómo presionar a las compañías alimentarias en donde les duele: en las utilidades, y éstas se ven obligadas a declarar que no usarán transgénicos. Ellos lo que cuidan son su mercado y sus utilidades.

—¿Y la soya con genes de nuez de Brasil que causó alergias en muchos consumidores? —preguntó Genaro, ya sin muchos ánimos.

—Otra manipulación de la información. Ese producto jamás llegó al mercado. Ya se sabía que la proteína de esta nuez provenía de una fuente alergénica y justamente por eso se evaluó su efecto en individuos alérgicos a la nuez. Como éstos presentaron una reacción alérgica se identificó, por un lado, cuál proteína de todas las que contiene la nuez es la que causa el problema y, por el otro, se prohibió la comercialización de la soya con el gen para esa proteína de la nuez. Pero fíjese, don Genaro, que en un futuro se podrán incluso producir alimentos sin sus compuestos alergénicos naturales, de modo que no haya riesgo para nadie.

—Oiga, pero a mí me duele. Vea cómo tengo la pierna y el dedo gordo del pie hinchados —dijo, remangándose el pantalón—, y me aseguró una persona que sabe, que eso es ácido úrico y que es por los ácidos nucleicos, o sea, el ADN, los genes, ¿no?

—Ah que don Genaro. Cuando el ADN entra a su sistema digestivo, lo degradan las enzimas presentes en el medio ácido del estómago. Si su dieta es variada, usted consume cotidianamente ADN de todo tipo: de los tomates, del pescado, del pollo, de los chapulines, del cuitlacoche o de los escamoles, para darle un ejemplo. Todo ser vivo tiene material genético en la célula, y todos nuestros alimentos son células. Pero aun en el caso de que no lo degradara, es prácticamente imposible que pase a formar parte de sus propios genes. ¿Se imagina?, si es aficionado al filete, hace mucho que le hubieran salido cuernos.

—¡Qué pasó, doctor, no se mande!

—Ahora bien, el ADN se deshace primero produciendo las cuatro sustancias que lo forman, ¿recuerda?, A, C, G y T, y éstas a su vez se desdoblan en compuestos más simples; uno de los productos de degradación del ADN es el ácido úrico. Venga de donde venga, el destino del ADN es el mismo. Cuando uno consume mucha carne o mariscos, el exceso de ácido úrico se cristaliza en las extremidades, y ésa es la causa de que le duelan las piernas. Lo que necesita es una dieta especial que yo no le puedo poner, pues no es mi especialidad.

—¿Pues no que es genetista, y de los picudos? —bromeó ahora Genaro, quien se había ciertamente relajado conforme había ido escuchando la opinión del doctor—. Oiga, ¿qué hay con respecto a la resistencia a los antibióticos, que pronto ya no servirán para nada?

—Los científicos reconocen que es muy remota la probabilidad de la transferencia de los genes (marcadores), que llevan los actuales alimentos modificados genéticamente y que confieren resistencia a los antibióticos, desde las plantas hasta los microorganismos en el intestino y que, de suceder, sería insignificante con respecto a la transferencia

Enfermedad	Características y causas
Hemofilia A o B	Enfermedad sanguínea que impide la coagulación por carencia del factor VIII o IX, respectivamente.
Distrofia muscular	Deterioro progresivo de los músculos a causa de una proteína defectuosa (distrofina), que produce invalidez total.
Cáncer de colon	Gen oncogénico, presente en una de cada 200 personas y 65% de ellas tienen probabilidad de padecerlo.
Retinitis pigmentosa	Degeneración progresiva de la retina.
Fibrosis quística	Los pulmones se llenan de moco interfiriendo con la respiración por desperfectos en moléculas de la membrana celular. La enfermedad de origen genético más común en Estados Unidos.
Anemia falciforme	Anemia crónica hereditaria que ocasiona problemas respiratorios y afecta principalmente a la población negra. Los glóbulos rojos adquieren una forma anormal, y tapan arterias y capilares, debido a una β-globina defectuosa.
Fenilcetonuria	Deficiencia mental en los recién nacidos, ocasionada por la incapacidad de asimilar el aminoácido fenilalanina de la dieta por la falta de la enzima fenilalanina hidroxilasa.
Inmunodeficiencia severa combinada	Problemas metabólicos por deficiencia de la enzima adenosina deaminasa en linfocitos T y B que ocasiona una alta susceptibilidad a infecciones. Primera enfermedad genética tratada con terapia genética.

Tabla 6. Algunos ejemplos de enfermedades causadas por la modificación, ausencia o presencia de un gen y que son susceptibles en el futuro a tra-tamiento por terapia génica.

que naturalmente se da entre los microorganismos allí y, por lo tanto, no aumentaría los niveles de resistencia que existen actualmente.

—¿Y por qué hay microorganismos resistentes?

—En buena medida por el abuso de los antibióticos. Mucha gente se automedica y otros toman dosis sólo por unos días, permitiendo que los microorganismos se recuperen, se adapten al medicamento, y se hagan resistentes. También la industria pecuaria ha contribuido a este problema con el abuso de la aplicación de antibióticos a los animales enfermos.

El doctor Velázquez se levantó de su asiento, dando a entender a Genaro que la consulta había terminado. Le entregó una tarjeta al tiempo que le decía:

—Vaya a ver de mi parte al doctor Cifuentes, él le tratará el asunto de la gota. Y deje de preocuparse por los genes en sus alimentos; espero que le haya quedado claro que son parte del pan nuestro de cada día.

Se despidió de Genaro y tomó asiento de nuevo. Sobre su escritorio estaban los expedientes de una docena de niños con diversos padecimientos de índole genética. Sin duda no terminaría la década antes de que la verdadera terapia génica, es decir, la introducción de genes a los seres humanos, fuera una realidad para combatir los errores innatos del metabolismo y, también, enfermedades tan devastadoras como el cáncer o la diabetes. Mientras tanto, había que trabajar, cada uno en su ámbito y sus espacios, por una sociedad más consciente y más informada y por una industria y un gobierno más responsables.

14

La bioindustria y el periférico

Avanzó dos metros más. Miró con desconfianza hacia el auto que venía a su izquierda, tratando de adivinar si el conductor tenía intenciones de meterse en su camino, aun sin verlo directamente. Como medida de precaución, avanzó rápidamente otros dos metros en cuanto el carro de adelante se lo permitió. Cambió la estación de radio con el selector, pero dejó que éste pasara de estación en estación, sin detenerlo. No estaba de humor para oír nada. Tampoco para estar en el insoportable silencio del auto cuando afuera todo era ruido, así que optó por una solución intermedia.

Aceleró dos o tres veces, sólo para recordar que su auto era un sedán, japonés, importado y que de darse las condiciones podría llegar a 300 kilómetros por hora; sin embargo, ahí estaba cada mañana sin poder alcanzar suficiente velocidad como para que se moviera la aguja del velocímetro. Sin duda la ruta era de primera... nunca pasaba a segunda.

Le tocaron el claxon.

—¿Qué te pasa, güey? —preguntó viendo por el espejo retrovisor, al tiempo que reforzaba la pregunta con un ademán de la cabeza y del brazo derecho.

La conductora no volvió a sonar la bocina hasta que después de avanzar unos diez metros y solicitar varios permisos de auto en auto, logró colocarse a su lado.

—¡Margarita! —gritó por la ventana.

—Ale..., perdóname, no te había reconocido —se disculpó aliviada de su temor, pues había visto la maniobra pensando que el conductor del auto de atrás podría desde no decirle nada hasta asesinarla, pasando por una serie de opciones casi todas desagradables, como consecuencia de su incontrolable impulso de "güeyear" al prójimo, exacerbada por los cotidianos embotellamientos y la tensión de perder tanto tiempo.

—Oye, me estoy quedando sin gasolina, ¿me podrías pasar un poco?

—Híjoles manita —contestó Margarita, dándose tiempo para pensarlo—, creo que el carro trae un dispositivo contra la "ordeña" —casi le gritó.

Ante la tremenda escasez, la gasolina estaba racionada desde hacía varias semanas.

—¿Ya ves? —continuó Margarita cuando la alcanzó de nuevo dos metros más adelante—. Tú que siempre te opusiste a los proyectos de

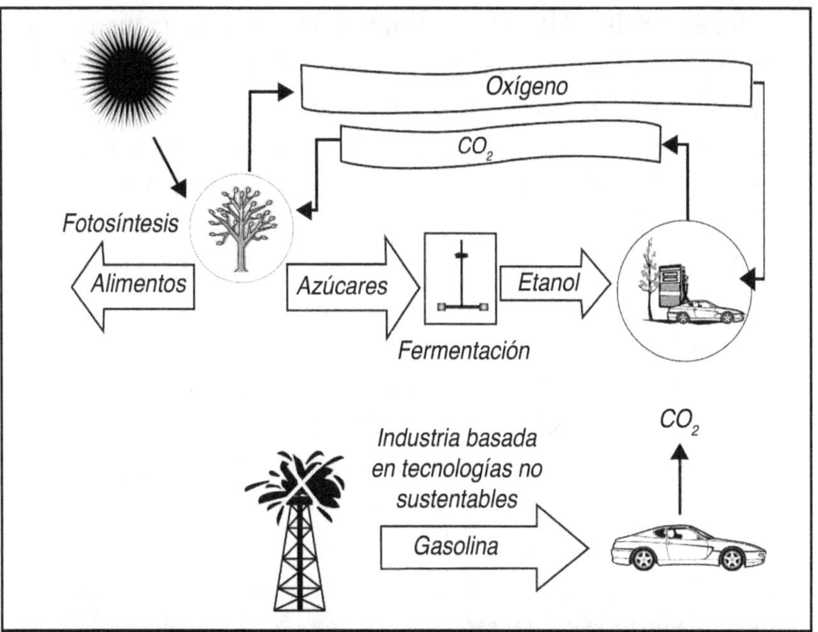

Figura 11. *Producción de combustible para automóviles de manera tradicional (no sustentable) a partir de residuos fósiles (petróleo) que incrementan el CO_2 en la atmósfera, comparado con un esquema de producción de biocarburantes (etanol) a partir de productos o residuos agrícolas, e integrado al ciclo de la fotosíntesis.*

producción de energéticos utilizando los recursos del campo, ahora no hay de otra más que hacerlo, y deprisa. Se acabó el petróleo y tú te andas quedando sin gasolina.

Alejandra era una entusiasta biotecnóloga pero había sido también activista en el Movimiento Contra el Uso no Alimentario Del Campo, detrás del cual estaba la Grin, una organización ecologista que buscaba registro como asociación política. En aquel entonces, frente a la crisis energética, ésta se oponía al proyecto de producir alcohol a partir de almidón para usarlo como carburante. Ante la sugerencia, Alejandra respondió furiosa:

—No marches, Márgara. Nos unimos a los de la Grin, porque así convenía políticamente, pero yo he sido siempre una creyente en la bioindustria. A lo que nos oponíamos, querida, era a seguir importando más maíz de Estados Unidos, ahora para fabricar alcohol. Ese movimiento se dio a finales de 2001, acuérdate, y entonces no nos alcanzaba el maíz ni para comer; se estaban importando más de seis millones de toneladas al año, y para ese proyecto querían traer más maíz a fin de hacer alcohol para los coches.

El tráfico se detuvo por un largo instante.

—¿Pues no que muy ambientalista, y que el ambiente no tiene fronteras?—preguntó provocativa Margarita.

—Pues sí. El alcohol es un energético sustentable porque, después de la combustión, el carbono, en forma de dióxido, se vuelve a fijar a la biomasa por la fotosíntesis, en este caso a la del maíz. Pero a la de los cultivos gringos, ¡no a la de los mexicanos! Además, íbamos a repetir la historia del azúcar.

—¿Cuál historia? —preguntó Margarita, después de avanzar otro metro.

—¿Ves? Ahora tú ya no te acuerdas cuando eras presidenta de la Asociación de Madres de Familia (antes Padres) de la prepa y que hicimos aquella reunión sobre la bioindustria. Hablamos sobre la crisis de la industria azucarera, de los excedentes que no había dónde colocar, pero eso sí, que estábamos importando maíz de Estados Unidos para hacer jarabes de fructosa, por no hablar de las importaciones directas de fructosa que se daban en condiciones muy desfavorables para una competencia comercial justa.

—Sí, ¿verdad? Infructuoso ese asunto.

—Y además —prosiguió Alejandra—, para que te acuerdes de que no estaba totalmente con la Grin, nosotros sí apoyamos el proyecto para hacer alcohol con los excedentes de la sacarosa, el azúcar de caña. Incluso promovimos la campaña para financiar proyectos de biotecnología para diseñar nuevos microorganismos que pudieran usar otras fuentes como la celulosa y las hemicelulosas que vienen de los residuos del campo, como el bagazo de caña o la paja. Fue así como construyeron una cepa de la bacteria *Escherichia coli* transgénica que hace alcohol mejor que la misma levadura, la que se usa para hacer cerveza y vino, gracias a que le introdujeron los genes de una bacteria que produce el alcohol en el pulque.

En eso, ambas recibieron sendos bocinazos de los carros de atrás pues los de adelante habían avanzado escasos cinco metros.

—No me hables de pulque ahorita —dijo Margarita, que adoraba el tlachique, al que la había hecho adicta su marido.

—Además, para que veas cuán equivocada estás sobre mi postura en relación con la biotecnología y el campo, iré pronto a una reunión de la Grin, en la que se va a hablar de la industria del futuro —comentó Alejandra, molesta pues era frecuente que confundieran sus posturas nacionalistas con una actitud antibiotecnológica—. Si a la caña de azúcar y al azúcar mismo se le hubiera invertido desde hace años tanta biotecnología como al maíz, hoy sería otro cantar —gritó, pues el Honda se había alejado un metro.

—¡Ya perdóname! ¿Y quién dará la charla? —preguntó Margarita para cambiar de tema.

—Pues un cuate que afirma que en unas cuantas décadas la biotecnología logrará integrar muchas de las actividades industriales, incluida la producción de alimentos. En el resumen dice que, empezando por los energéticos, el campo estará cada vez más ligado a la producción industrial; que la gente está atorada hoy en día con el dilema de transgénicos sí, o transgénicos no, cuando éstos son ya productos de segunda generación, pues hace más de una década que llegaron al mercado las proteínas terapéuticas; pero que lo espectacular esta aún por venir, con los productos de la biotecnología de la tercera y cuarta generaciones.

—¡Ah caray! —se sorprendió Margarita, casi chocando con el coche de adelante—. ¿Qué, habrá más?

—Mucho más. Con decirte que este señor ha descrito las células vivas como pequeños reactores, equivalentes a los que usan los ingenieros para producir las materias primas de la industria química. Y dice que, en el futuro, uno tendrá que aclarar si el reactor es un tanque de acero inoxidable, un vegetal o un animal, pues mediante la ingeniería genética se podrá hacer que organismos vivos completos produzcan directamente materias primas de interés para la industria.

—¿Como en el caso del alcohol, que es un producto para la industria y se obtiene de las plantas?

—Bueno, sí y no. De alguna manera eso es la bioindustria actual, que utiliza lo que las plantas producen y lo transforma haciendo uso de microorganismos o de sus catalizadores, que son las enzimas. Así, el almidón que produce el maíz es transformado industrialmente en glucosa mediante las enzimas que se obtienen de diversos microorganismos. Después la levadura fermenta dicho azúcar en alcohol. Toda una bioindustria si consideras, además, las mejoras biotecnológicas al maíz. Pero aquí hablamos de algo más. Se trata de producir moléculas complejas directamente en el vegetal o el animal. Por ejemplo, mira ¿te acuerdas de que el pequeño Robertín no aguantaba la leche de vaca y había que tratarla con una enzima para predigerirla?

—Cómo no me voy a acordar, si el niño se la pasaba entre el vómito y la diarrea hasta que encontramos la causa —respondió sonriendo Margarita—, y te acuerdas cuando…

—¡Ya, señoras, parecen cotorras! —se oyó una voz desde el carro de atrás—. ¡Avancen!

Contra su naturaleza, pero apasionada por el diálogo, Alejandra hizo caso omiso al comentario, y continuó:

—Bueno, pues ahora imagínate que a la vaca se le inserta un gen que le permita tener esa función. Sería el gen ya aislado y conocido que le permite sintetizar una proteína que, al funcionar como enzima, hidroliza la lactosa. De esta forma, su leche ya tendrá la lactosa transformada en glucosa y galactosa, las partes que la conforman, listas para ser asimiladas por los seres humanos.

—Pues ya al Robertín no le va a servir de mucho, pero a ti sí te ayudaría una leche sin grasa.

—Pues ahí donde la ves, con la modificación genética de las proteínas relacionadas con la síntesis y la transformación de las grasas, también será posible obtener directamente leche con bajo contenido de grasa, o grasa con una composición específica.

—Es cierto, yo ya había leído eso en el libro *El secreto de la vida*, de Levine y Suzuki. Ahí cuentan que existen ya granjas experimentales en las que ovinos y bovinos transgénicos pueden expresar y acumular una proteína en cantidades de hasta 30 gramos por litro de leche. Las ovejas de los huevos de oro, las llaman. Decían que se producen proteínas de uso farmacéutico, como la hormona de crecimiento para tratar el enanismo o factores de coagulación que requieren los hemofílicos. Así, en vez de usar un biorreactor con un complejo sistema de control donde se cultiven células microbianas o de mamíferos para producir esas proteínas, basta instruir genéticamente a una vaca: "en vez de hacer lactoglobulina, haz esta otra proteína en tu leche". Al ordeñarla se tiene ya el producto farmacéutico en grandes cantidades. Se pueden producir otras proteínas que requieren, por ejemplo, los lactantes, como la lactoferrina, que existe en la leche materna pero no en la de vaca. Oye, pero la duda que tengo es ¿qué pasa si se les escapa un animalito de esos?, con lo que deben de valer.

—Son tan valiosos que dicen que si piden de comer caviar, caviar les dan. Claro, son los productores ideales, pues con alimentación y alojamiento tienen, aunque los cuidados con ellos son mayúsculos. En ese sentido sería mejor trabajar con plantas muy bien controladas en zonas diseñadas para esa producción. Y hablando de plantas, ahí hay también otro asunto bastante polémico.

—Uuuuy, si tú lo dices, ya me imagino. ¿Será uno de esos temas controvertidos, como lo del alcohol o lo del azúcar? —preguntó Margarita con curiosidad.

—Se trata del asunto de las grasas. Hasta ahora existe un mercado para diferentes productos agrícolas de acuerdo con el tipo de aceite que producen. Así tenemos los aceites comestibles típicos que vienen del maíz, del algodón, del girasol o de la soya. Todos se caracterizan por tener un alto contenido de grasas insaturadas, las cuales contienen menos átomos de hidrógeno en sus moléculas. En la industria usualmente se les "hidrogena" para saturarlas mediante un proceso químico, lo que ocasiona un aumento en el contenido de ácido oleico, que es un ácido graso monoinsaturado y con un arreglo espacial que se denomina *cis*. Pero este proceso está cada vez más cuestionado por los subproductos tóxicos que genera: los isómeros *trans*. Otras grasas son valiosas por ser muy saturadas, como la de coco. Ésas son más estables a la oxidación, es decir, no se enrancian tan fácilmente. Luego están grasas como la del chocolate, que se funde a 37 grados centígrados, la temperatura del cuerpo, pero es sólida a temperaturas menores. En fin, que cada grasa viene de una oleaginosa en particular. Pero ahora con la modificación genética de la planta, tú puedes tomar un cultivo de alta productividad como la soya o la canola, y producir la grasa que necesites, incluida la de cacao. ¿Cómo ves?

—¿O sea, que si no nos ponemos abusados, se acabarán muchas agroindustrias aceiteras?

—Así es. Industrias tan golpeadas como la del coco; imagínate el futuro de los trabajadores de la copra cuando les quiten el mercado de perfumería, porque con soya se pueda hacer, en otro país, una grasa con alto contenido de ácido láurico, su principal componente. Ya ves —suspiró Alejandra—, ésa es una de las consecuencias de no invertir en ciencia y tecnología en el campo y de no generar proyectos viables en esas áreas….

No acababa de hablar cuando se interrumpió para gritarle al conductor del vehículo delantero:

—¡Oiga, es usted un guarro!, ¡vaya a tirar la basura a casa de su santa progenitora! El conductor había terminado de consumir sus papitas y había arrojado la bolsa por la ventanilla al basurero universal.

—Cálmate, Ale —le dijo Margarita—. Además, ¿no dices que ya van a hacer plásticos biodegradables con las plantas?

—Pues sí —contestó Alejandra desanimada—, pero me pregunto si eso no resultará contraproducente, pues si a sabiendas de que el plástico no es biodegradable lo tiran donde les da la gana, con el pretexto de que ahora sí lo degrada la naturaleza lo botarán en la primera banqueta. Y al final de cuentas, el medio ambiente de todas formas tendría que cargar con la degradación de los plásticos vegetales. Pero lo más importante es que habrá que tener un cuidado especial para evitar que los genes de productos pasen a otras variedades. Antes de aprobarlas en el campo, se deben estudiar con cuidado sus riesgos y llevarlas hasta el nivel de máxima seguridad. Por ejemplo, utilizar para la producción industrial plantas estériles que además no tengan parientes cercanos en las zonas de producción.

—Como dijo Virilio, filósofo de la velocidad —comentó Margarita—, en cada desarrollo tecnológico parece haber un accidente, un riesgo que le es inminente.

—De acuerdo, no sabemos nada, pero lo sabemos cada vez mejor —respondió Alejandra, recordando una cita de Canetti. No iba a permitir que Margarita la apantallara.

Margarita avanzó, y ya no pudo darle su opinión sobre el gran impacto que podría tener la biotecnología en eso de los plásticos biodegradables y en la producción de papel. Notó que todos avanzaban pero que Alejandra seguía parada. Intentó detenerse, pero inmediatamente recibió una andanada de bocinazos. Por el espejo retrovisor alcanzó a ver a Alejandra ya fuera del coche, agitando los brazos y gritando:

—¡Me quedé sin gasolina!

15

Propiedad privada

—¡Silencio! —pidió el asistente del jurado—. El honorable juez MacKay va a dictar sentencia en el caso The Monsanto Company *vs.* Percy Schmeiser Enterprises.

Se guardó un profundo silencio en la sala. Se sabía que, a pesar de tratarse de un juicio en Canadá, país del primer mundo, en cierta forma se estaba sentando un precedente para todo el mundo. O al menos eso era lo que pensábamos algunos. Nuestro corresponsal pidió esperar en el teléfono, pues llegaba el momento cumbre.

Corría el mes de marzo de 2001. La compañía Monsanto había puesto una demanda contra el agricultor Percy Schmeiser por haber infringido la patente que le daba propiedad sobre una variedad de canola modificada genéticamente (*Brassica napus*, colza o *rapeseed*, en países de habla inglesa). Esta variedad es resistente al herbicida Roundup™ (Roundup Ready Canola, abreviado canola RR) ya que contiene un par de transgenes de origen bacteriano que permite aplicar el herbicida glifosato, eliminando las malezas, sin que esta planta se afecte. "Si existiera un *Popol Vuh* canadiense, sin duda plantearía que los canadienses fueron creados de canola", escribimos cuando empezamos a cubrir la nota. Se trata del cultivo nacional del que hoy en día se siembran unos 4.8 millones de hectáreas. La variedad que comercializa Monsanto ha tenido tanto éxito que actualmente unos 30 mil productores han decidido sembrarla, pagando el licenciamiento que resulta ser de unos seis dólares por hectárea y comprometiéndose a no reproducir semilla para la siguiente siembra. A cambio, obtienen utilidades superiores a lo normal, dado el mayor rendimiento, el menor consumo de agroquímicos y la disminución en el trabajo de la tierra; adicionalmente, cuentan con una semilla garantizada. De esta forma, casi dos millones de hectá-reas fueron sembradas con canola RR en el año 2000.

La compañía acusaba al señor Schmeiser de haber sembrado su semilla de manera fraudulenta, es decir, sin haber pagado el costo por el licenciamiento. Los argumentos de la defensa eran contundentes: el señor Schmeiser había sido invadido por el polen de los productores vecinos. Al ser la canola una planta de polinización abierta, él no sólo había sido víctima de una contaminación genética en sus cultivos sino que, además, era llevado a juicio por ello. La defensa era categórica. Fallar contra Percy era sentar un precedente verdaderamente deleznable. Un campesino que reproduce su semilla como todos los años de su vida, de toda la historia de la agricultura, ahora se veía en las fauces de un gigante de la agroindustria que imponía una nueva forma de vida en el campo. Además, ¿cómo hicieron para tomar las muestras de su terreno y demostrar que su canola era la canola RR? Habían invadido su propiedad amparados por una patente. Simplemente, inaceptable.

Las noticias que llegaban a la redacción de nuestro diario eran escasas, por lo que se decidió enviar un corresponsal a Canadá para dar cobertura al hecho; la sociedad lo demandaba y, además, recibíamos cartas abiertas procedentes de docenas de organizaciones ecologistas y agrícolas que ejercían una presión adicional.

La redacción preparó información paralela para sensibilizar a la opinión pública sobre la polémica. En un artículo muy comentado, nuestro jefe de redacción publicó una larga entrevista con Mariano Trejo, experto en propiedad industrial, quien justificaba la necesidad de las patentes. Al final del artículo de marras, Trejo se preguntaba: "¿Cómo garantizar que la industria o los científicos inviertan tiempo y recursos en investigar si no se permite que la compañía que hizo la inversión tenga una ventaja sobre sus competidores y pueda recuperar esa inversión? ¿De dónde obtener más recursos para seguir investigando, si no de las ventas de los productos ya desarrollados? ¿Cómo estimular el desarrollo tecnológico?" Y citaba un ejemplo: desarrollar un medicamento actualmente cuesta unos 500 millones de dólares y requiere en promedio diez años, al término de los cuales cualquier compañía, pública o privada, puede producir el nuevo medicamento; entonces, ¿cuál es el incentivo de quien desarrolló la tecnología para seguir trabajando en investigación? Y, peor aún, ¿de dónde obtendrá los recursos para hacer nuevos desarrollos? En la industria biotecnológica moderna las compañías invierten de un 15 a un 20% de sus ventas en seguir investigando.

Un sinnúmero de cartas habían llegado a la redacción en protesta por dicho artículo. Algunas hacían referencia al caso en litigio; otras simplemente se oponían a cualquier tipo de propiedad sobre lo que denominaban "el patrimonio genético universal".

Mariano Trejo trataba de dar respuesta a todos los cuestionamientos, pero algunos eran simplemente posturas inamovibles. Explicó a un lector que las patentes eran temporales y que específicamente la patente del herbicida glifosato expiraba en 2001, lo que explicaba en parte la vigilancia de las compañías sobre las variedades patentadas.

Pero muchos lectores del diario estaban insatisfechos, lo que se reflejaba en las cartas que seguían llegando a la redacción. Decidimos publicarlas todas en la sección dedicada a los lectores, la mayoría de las veces resumidas y acompañadas de algún comentario de la redacción o del propio Trejo. En respuesta a un airado oponente de la propiedad privada, Trejo argumentó:

Que las invenciones patentadas estaban presentes en muchos aspectos de la vida humana, desde la luz eléctrica (cuyas patentes obtuvieron Edison y Swan) hasta el plástico (patentado por Baekeland), pasando por los bolígrafos que patentó Biro o las famosas patentes de Intel sobre los microprocesadores. [...] Otra ventaja es que todos los titulares de patentes deben, a cambio de la protección de la patente, publicar información sobre cómo concibieron su invención y cuáles son las maneras de utilizarla a fin de enriquecer el cuerpo total de conocimiento técnico del mundo. Este creciente volumen de conocimiento público promueve una mayor creatividad e innovación en otras personas. Así pues, las patentes proporcionan protección para el titular, además de información e inspiración valiosa para las futuras generaciones de investigadores e inventores. [...] ¿qué pasaría el día en que todo el conocimiento quedase exclusivamente en manos del sector privado como secreto sin ser compartido con el público?

Recordaba el caso de Anton van Leeuwenhoek, descubridor del microscopio y primero en observar directamente microorganismos. Se sospecha que se llevó a la tumba los secretos sobre la construcción de microscopios más potentes, retrasando el avance de la microbiología por décadas.

Los argumentos no eran suficientes para aminorar el malestar, que parecía centrarse más bien en el hecho de que para un segmento importante de la población las patentes en agricultura son inadmisibles. "Una patente debe ser original, debe ser innovadora, pero el maíz ha estado con nosotros desde siempre ¿y quién les paga a los campesinos mexicanos por esa innovación? Ahora resulta que van a tener que pagar para sembrar maíz", escribió otro lector. Y Trejo le contestó:

Muchos países han aceptado proteger, ya sea mediante patentes o mediante el registro de variedades vegetales, aquellas líneas con nuevas propiedades. Pero al final, cada país cuenta con una Oficina de Patentes que puede por un lado aceptar o rechazar una solicitud de patente pero, además, aun en el caso de aceptarla por no contar con argumentos técnicos o científicos en contra, *puede rechazarla si considera que atenta contra la moral y el orden público* [el subrayado era nuestro]. Yo me imagino que patentar algo relacionado con el maíz blanco, con el frijol azufrado o con otros productos autóctonos, por propios o extraños, podría declararse como atentado contra la moral nacional. Por otro lado, la puesta en uso de una innovación no depende de que esté patentada o no, es decir, puede estar patentada y no ser explotada o ser explotada a pesar de que nunca se conceda la patente. Lo que sí deben cumplirse son los requisitos que fijen las autoridades competentes en la materia, como la Secretaría de Salud en México o la FDA en Estados Unidos, si es que se trata de alimentos procesados o de medicamentos. Y, además, cada solicitud de patente es estudiada por expertos para decidir si se puede otorgar o no, y la decisión puede ser apelada por quienes pudieran resultar afectados. Y esto es un terreno verdaderamente complejo. Tanto, que el joven Einstein prefirió irse a estudiar la relatividad que seguir trabajando en la oficina suiza de patentes.

Evidentemente, esto último era una broma, pero le valió nuevas cartas que además de esbirro del gran capital, lo trataban de ligero. Se mencionó el caso de la empresa Agracetus, que ya para 1994 tenía patentado todo: el método para transformar plantas empleando la famosa pistola de genes (la microbiobalística) e incluso todas las variedades de plantas de algodón transformadas. "Todo esto, señor Trejo, en vez de fomentar la investigación, como usted dice que sucede, la bloquea y la monopoliza. ¿Se imagina por un momento lo que sucederá de seguir las cosas así, todo en manos de una sola empresa? Ya para qué queremos el conocimiento si no habrá dónde desarrollarlo", concluía el lector.

"Y, sin embargo, ahí están los productores del norte satisfechos de haberse deshecho de las plagas de gusanos gracias a los transgénicos patentados, y haciendo buenos negocios", contestó Trejo, sin muchos argumentos ante el fenómeno global.

Otro lector fue más lejos y nos pidió publicar un estudio de caso. Éste nos pareció lo suficientemente sólido como para acceder a su solicitud. Describimos el caso del árbol del neem (*Azadirachta indica*), originario de Birmania, pero que crece ancestralmente en el subcontinente Indio y es cultivado como árbol de sombra principalmente en las regiones áridas y semiáridas de África y sobre todo de Asia. La corteza del árbol se utiliza desde antes de Cristo para tratar la fiebre, infecciones cutáneas y mordeduras de serpiente. La savia fermentada se emplea contra la lepra y la savia fresca en el tratamiento de úlceras y de infecciones virales y bacterianas. En la era industrial, las propiedades insecticidas del jugo incrementaron el interés por esta extraordinaria obra de la naturaleza. Bajo la sombra del neem, más de 200 especies de insectos respetan al hombre y al ganado, entre ellos los chapulines, las cucarachas, las termitas, los zancudos o las chinches. El principio activo son los limonoides (en particular, la azadiractina), compuestos activos que actúan como repelentes y reguladores del crecimiento de insectos. Muy extendidos en la India, los insecticidas a partir del neem son comercializados en ese país por media docena de compañías. En 1994 se aprobó también en Estados Unidos como plaguicida en productos alimentarios. La compañía WR Grace, en colaboración con la empresa local india, Margo Private Ltd., comercializa tres productos elaborados a partir del neem. A mediados de los noventa, en India había unos 25 millones de árboles con capacidad de producir unas cien mil toneladas de aceite al año, de las cuales sólo 25% se explotan. El caso es que en 1994 Grace obtuvo una patente sobre un método para extraer, solubilizar y estabilizar la azadiractina. De esta forma, los productores indios se verían en la obligación de pagar regalías a Grace por un conocimiento derivado de una riqueza que les es ancestral. La empresa argumentó que la patente no representaba problema para los productores indios, ya que éstos utilizan el principio activo fresco y que su patente permite elaborar un producto que al ser estable puede llegar hasta donde el producto fresco no llega. Los productores contraargumentaron que al ser explotado por la compañía, no habría más neem fresco, y que ellos se verían obligados a comprar el producto procesado, cuando la política de patentar no existía en la India. En 1995, una coalición de 200 organizaciones de 40 países se opuso a la patente de Grace con el argumento de que los recursos biológicos, herencia de la humanidad, no debían ser patentados, pues se restringiría su consumo a las localidades en donde fuesen cultivados, lo que dificultaría aún más su desarrollo. Después, en mayo del 2000, la Oficina Europea de Patentes revocó dicha patente en Europa, para beneplácito de la Fundación India para la Ciencia, la Investigación, Tecnología y Ecología, así como de las organizaciones que apoyaron esta campaña. Se argumentó que la patente no era suficientemente "novedosa", considerando los métodos de conservación aplicados localmente. *Neem Tree* quiere decir "árbol de la libertad", lo que sin duda se convirtió en un símbolo para las ONG ambientalistas. Trejo comentó a esta publicación que, en efecto, le parecía una justa decisión, pero que estaba basada en las reglas que la propia legislación sobre patentes establece y que, finalmente, correspondía a cada país la decisión sobre lo que más convenía a sus intereses y a los de sus nacionales. Desde que se abrió la posibilidad de patentar, cada industria nueva había encendido un debate original en torno al tema: hace un siglo se cuestionaron las patentes en agricultura sobre el principio de que ésta no es una industria; hace varias décadas se argumentaba que patentar medicamentos iba contra toda ética, pues era lucrar con la salud. Hoy la biotecnología estaba en el centro del debate.

A raíz del artículo sobre el neem, Trejo escribió una segunda colaboración que sirvió de base para comentar las últimas noticias del caso Monsanto *vs.* Percy Schmeiser. La defensa arguyó que todo Canadá estaba ya invadido por una supermaleza, concretamente la canola RR, que crece en cualquier campo donde se siembra este cultivo, pues su cliente se había deshecho de toda su semilla en 1998 y, a pesar de eso, volvió a estar "contaminado" con canola transgénica, tolerante a glifosato en la siguiente cosecha. Agregamos a esa colaboración los comentarios de Trejo relacionados con la historia de polémicas alrededor de las patentes sobre animales o plantas.

En 1980, la Suprema Corte de Estados Unidos aprobó la patente sobre el primer microorganismo mejorado genéticamente. Una bacteria patentada por el doctor A. Chakrabarty con la que la compañía petrolera estadounidense Exxon puso en marcha grandes proyectos sobre el tratamiento de derrames de petróleo crudo en ambientes naturales, los cuales podrían ser degradados por estos microorganismos. En ese mismo año, se otorgó a los investigadores Cohen y Boyer la patente sobre técnicas de manipulación por ingeniería genética. Pero quizás el parteaguas fue 1988, cuando la Universidad de Harvard recibió la primera patente sobre un animal: un ratón transgénico alterado con un gen (oncogen) que lo hacía susceptible de contraer cáncer de mama convirtiéndolo en un útil modelo para el estudio de la enfermedad. Según Trejo, la gran complejidad radicaba en empezar a patentar cosas que podían reproducirse solas, innovaciones tecnológicas que se autopropagan. Incluso los europeos —reacios a todo este asunto de los transgénicos—, han dado en el verano de 2001 un paso legal aprobando nuevas directrices que levantan la prohibición para patentar transgénicos, o al menos hacen menos ambigua la legislación. Estas nuevas directrices tienen que ver con la modificación de un artículo de la Convención Europea de Patentes (el artículo 53, que prohibía patentar: en su fracción *a)* cualquier cosa que fuese en contra del interés público, y en la *b)* plantas y animales). El problema en el caso europeo son las interpretaciones que hace cada país. Por ejemplo, la patente del ratón de Harvard fue aceptada al distinguirse como una "variedad de animal", mas no se estaba patentando en términos genéricos a todos los ratones. En cuanto al interés público, era evidente el beneficio que este apoyo a la investigación traería a la humanidad. Sin embargo, con base en el mismo artículo, se negó a la compañía Plant Genetic Systems una patente sobre variedades de plantas. Ahora parece que es sujeto de patente cualquier invención que pueda aplicarse industrialmente, por lo que la redacción de cada patente será un factor clave en sus posibilidades de ser otorgada. Tal como sucedió con la computación: se suponía que no se podía patentar un algoritmo para transformar números binarios al sistema decimal, pero la industria del *software* le dio la vuelta a esta limitación combinándolo con un proceso físico; la transformación ocurre dentro de minúsculos circuitos lógicos e integrados: el actual *chip*.

Aquí el problema, más que discutir si patentes de plantas sí o no —escribió otro lector—, es definir, como país, qué clase de sociedad queremos cons- truir, cómo adaptar esta nueva tecnología a los ambientes locales, qué tanto contribuye la nueva tecnología a una relación más saludable con el medio ambiente, cuáles plantas transgénicas sí y cuáles no podrían beneficiar al país a escala regional. ¿Acaso no tenemos variedades de plantas y una inmensa biodiversidad que pueda ser explotada en condiciones ventajosas para los nacionales? Aquí en Guerrero tenemos una variedad de frijol, pequeño y duro, resistente al ataque de gorgojos. Hemos sabido que su resistencia se debe a proteínas de la semilla que evitan que estos insectos puedan digerir el grano. Estas proteínas se conocen como *arcelinas*, en honor al lugar donde hallaron los frijoles; ¿a poco no puede haber patentes nacionales basadas en este tipo de características, para beneficio de los productores nacionales? Lo absurdo de estos casos radica esencialmente en el desconocimiento o el abuso del concepto de propiedad intelectual.

Trejo le comentó a ese respecto sobre trabajos realizados por los doctores Herrera-Estrella y Rivera-Bustamante, del Cinvestav, quienes han desarrollado variedades locales de papa resistentes a ciertos virus, así como una estrategia para dotar al maíz de una tolerancia significativa a los altos niveles de aluminio en suelos ácidos que afectan negativamente a los cultivos en muchas zonas tropicales. Con esto último hay potencial para la papaya y otras plantas. Trabajos como éstos se encuentran en espera de una política nacional más clara en relación con la biotecnología. Entre tanto, los biotecnólogos del Cinvestav, del INIFAP, del CIMMYT del CICY, de la UNAM, de la UAM, etcétera, no sólo tienen que hacer biotecnología, sino salir en su defensa ante la opinión pública, dada la falta de objetividad y la desinformación en muchos de los análisis que se hacen en los medios y, a veces, incluso entre los propios científicos. Al mismo tiempo, deben encontrar fórmulas que permitan hacer coexistir el bien público y el bien privado, ya que en la actualidad es imposible pensar en volver a la disponibilidad de recursos que había en el pasado, pero también resulta absurdo e irracional que todo, incluida la vida, se vuelva propiedad privada, máxime cuando los propietarios son unos cuantos afortunados.

Después de varios días de espera, el momento había llegado y nuestro periódico sería uno de los primeros en dar la noticia sobre el caso Monsanto *vs.* Schmeiser Enterprises. Para mi mala fortuna, ese día me enfermé y no tuve forma de seguir el desarrollo del juicio. Sólo pude leer en el periódico: "Multan a campesinos de Canadá por usar sin licencia semillas transgénicas". Como imaginé, la noticia incluía datos como: grave precedente para el mundo... una familia campesina... deberán pagar 85 mil dólares... castigado por violar el monopolio..., etcétera. Pero la noticia en mi propio periódico señalaba: "El caso de Schmeiser es gravísimo, pues ni siquiera compró las semillas patentadas, ni las obtuvo ilegalmente, sino que el polen viajó a su campo desde las granjas vecinas...", y concluía "Monsanto anunció que enjuiciará a los agricultores que guarden sus semillas y las utilicen en las siguientes cosechas."

Me comuniqué de inmediato a la redacción, pues la noticia, independientemente de mi poca simpatía por los monopolios y la propiedad privada, no se sostenía. ¿Por qué nuestro corresponsal no le decía algo duro al juez? Mínimo: ¡corrupto! O, al menos, lo humillaba haciendo del conocimiento de nuestros lectores cuál había sido su argumento para condenar a los agricultores empresarios. Nadie me pudo decir nada, por lo que llamé directo a nuestro enviado en Canadá.

—¿Pues qué dijo el juez? —le pregunté en cuanto reconocí su voz—. ¿Ya viste la nota? Ninguna referencia a las causas de la condena. ¡O más bien, las causas de la condena a Schmeiser son los argumentos de su defensa! Es como si publicaran: "Lo condenan a la silla eléctrica por no haber matado a su amante".

—Pues nada —me contestó extrañado—, el tipo es más culpable que Al Capone. Entre el 95 y el 98% de su cosecha era transgénica; o sea que no sólo voló el polen sobre su cultivo sino que fertilizó exitosa (e inexplicablemente) *todas* las plantas del mismo.

—¿Y, bueno, qué eso no es posible si todos sus vecinos los siembran? —pregunté.

—Pues ni aun así, porque aquí el caso es que el vecino más cercano está a 8 kilómetros, el polen con trabajos viaja unos cuantos metros. No hay de otra, el tipo deliberadamente reprodujo la semilla patentada. El juez estudió el caso con todo detalle y escuchó pruebas de una y otra parte.

—¿Y por qué no salió esto en la nota del periódico?

Su repuesta se oyó primero entrecortada y, finalmente, se dejó de oír. "Ha de ser su celular", pensé. Llamé de nuevo pero mi teléfono daba ya tono de ocupado.

16

El pueblo de canola

 El caso Monsanto *vs.* Percy Schmeiser Enterprises había generado mucha polémica entre nuestros lectores. Por un lado, los académicos se quejaban de la forma en que manejamos la información sin dar espacio a las voces calificadas, presentando sólo un lado de la historia y tratando con ligereza el delicado tema de la propiedad industrial, mientras que los ambientalistas nos hacían casi responsables de la decisión del, a su juicio, "corrupto" juez MacKay,

171

quien había fallado contra la historia y contra la clase campesina, y de paso también la obrera y la popular. El jefe de redacción llamó a una junta en la que nos leyó la cartilla. Nos debíamos a nuestros lectores pero también a la verdad, y si bien en los aspectos políticos, en los deportivos y hasta en los económicos, podíamos hacer malabares con nuestra posición personal y la del periódico, en materia de ciencia y de tecnología más valía mantener la claridad y la objetividad o acabaríamos perdiendo la credibilidad. Ésa era una de las razones por las que nuestro periódico había preferido no tener sección de horóscopo, y nuestro suplemento científico gozaba ya de cierto prestigio.

—Así que —advirtió el jefe— para el próximo número me preparan un "especial" sobre la canola, que incluya todas las entrevistas y comentarios que se nos quedaron pendientes, donde la gente pueda leer opiniones varias con respecto a este asunto de las patentes y los canadienses.

—Pero, jefe, a lo de la patente ya le dimos bastante cobertura —reclamé—. A estas alturas ya debería estar claro que, por un lado, sin propiedad industrial difícilmente podrá haber investigación y nuevos desarrollos, aunque, por otro lado, es importante poner límites a lo que no puede ser de nadie, porque es de todos. ¿Por qué no mejor dejamos por la paz el asunto de los canadienses y ampliamos la información a otros temas de la biotecnología? Lo de las patentes es tan sólo un aspecto, sin duda importante, pero que requiere el concurso de todos y debe definirse en un contexto más amplio que lo técnico y lo científico. Yo pienso que debemos definir áreas estratégicas en las cuales en aras del bienestar común y de nuestra idiosincrasia no deben validarse, para nadie, ciertas patentes pero, por otro lado, no podemos cerrar las puertas a un mundo que depende del conocimiento y del intercambio de productos.

—Pero ve a los europeos —comentó el jefe—, nada de transgénicos y nada de patentes.

—Eso de que nada de patentes es muy relativo —dije—, ya están empezando a cambiar su postura, pues es claro que necesitan de la biotecnología moderna para muchos de sus productos. Esto es fundamentalmente una guerra comercial, la gente está preocupada por cuántos días de vida le quedan a partir de que empiecen a comer transgénicos, o si al rato vamos a tener plantas de tomate creciendo en los camellones y banquetas; aprovechemos la información de la canola para reforzar el tema de la seguridad alimentaria.

Asintieron todos; el corresponsal, de visita en México, y las dos reporteras, Elisa y Emilia, que cubrían las notas de ciencia, sin duda especulando que al fin podrían colar la nota preparada sobre los mecanismos mediante los cuales se insertaban nuevos genes en especies agrícolas para modificar alguna de sus características, agronómica o nutrimental.

El jefe reflexionó por unos instantes. A mí podía decirme que no sin miramientos. Pero yo sabía que a Elisa y a Emilia no les había negado alguna solicitud hasta ahora; supuse que las sonrisas con que le obsequiaban lo trastornaban visiblemente.

—¿Qué propones, Elisa? —preguntó, de un modo que ya presagiaba la decisión.

—Pues lo que dice Emilia, dedicar el número a la planta *Brassica napus*, colza, de la familia de las crucíferas —dijo en tono erudito—, a la que los canadienses llaman canola; en particular, escribir sobre la que fue modificada genéticamente para tolerar la aplicación de herbicidas.

—Pero si en este país ni conocen esa planta —protestó el jefe.

—Pues justamente por eso, jefe; si en Europa y en Norteamérica se usa para elaborar aceite de cocina y para aderezos de ensalada, margarinas, etcétera, ¿cómo es posible que aquí no sepamos al menos eso? ¿No recuerda que hace algunos años varios españoles murieron a consecuencia de consumir aceite de canola? —preguntó Elisa.

—Sí, pero era aceite destinado a usos industriales —aclaré, acostumbrado a la forma como Elisa a veces enredaba la información—. Al aceite que va a la industria se le agregan anilinas para evitar que la gente lo consuma, pues es de menor calidad y precio. Comerciantes sin escrúpulos introdujeron ese aceite al mercado y la gente se intoxicó con las anilinas de la colza.

—Espérate —me detuvo Elisa—. La canola es una variedad de colza, que en inglés denominan *rapeseed*, que se obtuvo por mejoramiento genético a finales de los sesenta y en la que disminuyó el contenido de ácido erúcico hasta menos del dos por ciento. Este ácido se encuentra en la grasa y supuestamente causa problemas fisiológicos en humanos. Ten cuidado cuando uses el término colza, mejor di canola.

—Pues los españoles usan el término colza —contesté en defensa propia.

Pero Elisa estaba en su día y continuó con erudición, pero apoyada en sus notas:

—Bueno, la planta es pequeña y muy susceptible a la competencia de otras plantas como las gramíneas (cereales, pastos) y las que llaman de hoja ancha, sobre todo en los cultivos de zonas templadas. Por ello es necesario usar varios herbicidas comerciales y barbecho para eliminar las malezas.

—Ni viene al caso —comenté demasiado pronto.

—¿No? Calcula la cantidad de trabajo de mantenimiento que se requiere, aunado a la aplicación abundante y continua de herbicidas. Esto es importante para que la gente sepa por qué se han generado malezas resistentes a estos productos químicos. La industria los ha sustituido por nuevos productos cuando pierden su efectividad en una carrera en la que cada vez se requieren más químicos, o químicos más potentes —me respondió ya sin leer.

—¡Ah! —exclamé cuando al fin comprendí por dónde iba—. Así pretendes explicar el caso del *Roundup*, el herbicida cuyo principio activo es el glifosato, ¿no?

—Así es, amiguito. El glifosato es una sustancia que impide la síntesis de algunos de los llamados aminoácidos aromáticos, al inhibir a una enzima de esta vía metabólica. Sin esa enzima, imagínense, ni las plantas, ni los hongos, ni las bacterias crecerían pues no pueden elaborar sus proteínas ante la falta de aminoácidos.

—O sea, que les echas el glifosato y ¿no crecen las hierbas? —preguntó el corresponsal, y sin esperar la respuesta continuó—: pero también se muere la planta que te interesa, ¿no?

—Pues ahí es donde entra la biotecnología —respondió Elisa—. A partir de investigaciones básicas se encontró que la enzima en algunos organismos era insensible al efecto tóxico del herbicida.

—¿Cómo dijiste que se llamaba la enzima esa? —interrumpí con afán de molestar. Pero, para mi sorpresa, ella tenía bien preparado su "acordeón", pues casi sin detenerse y con un rápido cambio de papeles respondió:

—La 5-enol-piruvil-shikimato-3-fosfato sintasa, alias EPSPS, por sus iniciales en inglés.

—Oye —intervino el jefe—, creo que usaremos el alias en el periódico, pues de otra forma la gente pensará que estamos hablando de una japonesa. Y, por cierto, ¿de dónde la sacaron?

—A eso iba, jefe, cuando me interrumpió este fulano —dijo Elisa molesta, señalándome—, la EPSPS a la que no afectaba el glifosato se aisló de una cepa de la bacteria *Agrobacterium tumefaciens*. Cuando la EPSPS de la bacteria se introduce en la canola, se logra obtener una canola transformada a la que el glifosato le hace lo que el viento a Juárez.

—Para explicar cómo se le cambió el gen a la planta sería bueno usar un dibujito, de ésos con los que la competencia ilustra las noticias enredadas —sugerí, abrumado ante el hecho de que Elisa acaparara toda la atención.

—Pero es que no he acabado —dijo Elisa echándome un cubetazo de agua fría—. El caso es que la variedad transgénica comercial, la canola RR, lleva además otro mecanismo bioquímico: se trata de otra enzima que inactiva al herbicida dentro de sus propias células. Esta otra enzima, denominada glifosato oxidasa, o GOX para nuestros lectores, se obtuvo de la bacteria *Ochrcobacter anthropi* que rompe materialmente al herbicida en dos compuestos no tóxicos y biodegradables.

Traté de recuperar mi jerarquía en el grupo y la imagen ante el jefe, así que cambié el tema de golpe y saqué una nota que tenía entre mis papeles:

—Aquí hay otro dato: según las compañías que producen este agroquímico, una sola aplicación de poco menos de medio litro por hectárea elimina la mayoría de las malezas y deja la canola intacta para dar un rendimiento igual o superior al de los cultivos convencionales.

—Esto nos vuelve a conectar con el caso Schmeiser —comentó el corresponsal.

—Eso, debemos insistir en el hecho de que esta compañía vende la nueva variedad en un paquete junto con el herbicida y un contrato que restringe algunas actividades del agricultor; por ejemplo, no pueden utilizar semilla para siembra obtenida de su cosecha, sino que la tienen que comprar nuevamente a la compañía —dijo al fin Emilia, quien sospechábamos que era oreja de la línea verde.

—Pues sí. Aquí el punto está en que será decisión del productor optar por lo que más le convenga —señaló Elisa.

—Siempre y cuando tenga las opciones —intervine yo—. Se necesita que el Estado, los centros de investigación agrícola y desde luego otras compañías participen también para evitar que en el futuro la opción de la compañía sea la única. Pero en este mundo de globalización y oportunidades, paradójicamente, cada vez las hay menos. Creo que aquí es donde se centra el principal cuestionamiento. La agricultura en manos de unas cuantas compañías transnacionales.

—No sólo eso —interrumpió el corresponsal—, lo que verdaderamente preocupa a la gente es que la han convencido de que éste,

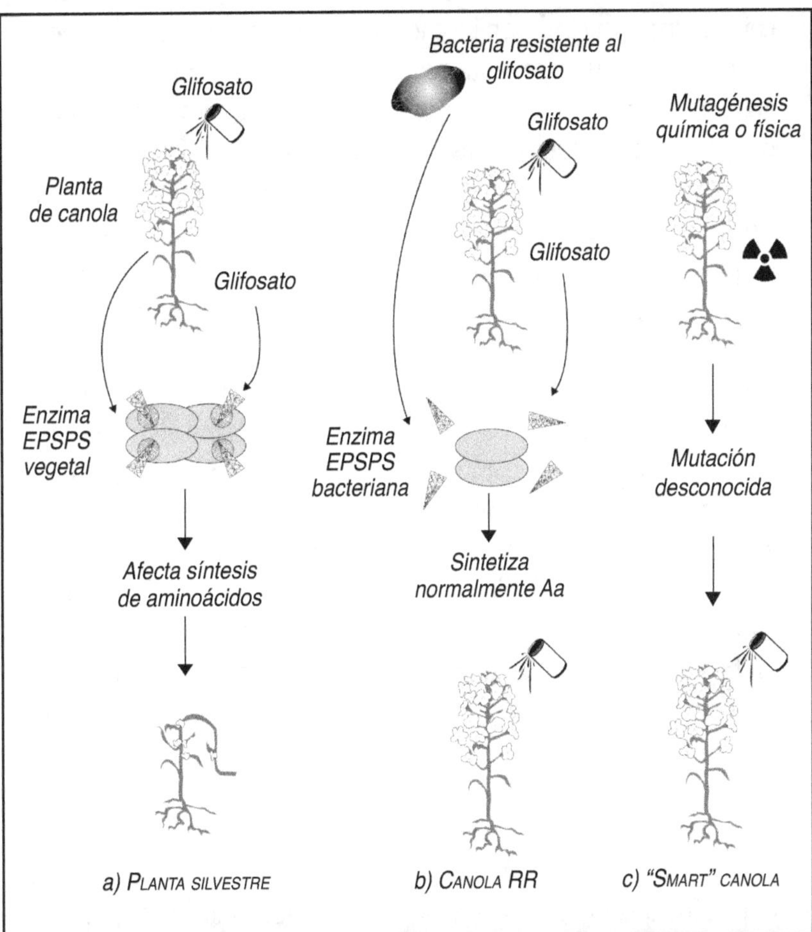

Figura 12. a) Planta silvestre: se aplica el herbicida glifosato (bote aplicador) para matar a la maleza, pero esta sustancia también afecta a la enzima EPSPS que se requiere para sintetizar aminoácidos; tanto la planta como la maleza mueren. b) Planta resistente canola RR (transgénica): contiene una enzima EPSPS que proviene de una bacteria y que no se ve afectada por el glifosato, por lo que al ser aplicado, la planta continúa con la síntesis de aminoácidos, mientras la maleza muere. c) "Smart" canola (mejoramiento genético tradicional): la planta fue sometida a mutágenos químicos o a radiaciones. La planta es también resistente al herbicida como la transgénica, sólo que en este caso no se sabe qué modificación genética sufrió.

como todo producto de la biotecnología moderna, es un "Frankenstein enzimatico" y que el aceite que produce puede estar adulterado. ¿Existe alguna regulación que obligue a los fabricantes a verificar la salubridad del producto?, ¿deben demostrar que su producto es inocuo?

—Obviamente —respondió Elisa—. Dicen que ningún alimento ha sido tan evaluado y tan vigilado como los obtenidos mediante modificaciones genéticas. Hay requerimientos y pruebas de varios tipos que exigen las agencias gubernamentales vinculadas con la agricultura, la protección ambiental y la salud pública. Se hacen pruebas de la composición total del cultivo y de su comportamiento agronómico, de la composición de la parte alimenticia y se elabora algo así como una huella digital de la composición química del producto. También se efectúan pruebas de alimentación, estudios de toxicidad crónica y subcrónica, alimentando animales de laboratorio, ratas, conejos, perros y demás, con dosis elevadísimas de las nuevas proteínas. Y a los animales se les checa todo. Desde la química de la sangre, la orina, y las heces, hasta el estado de los órganos una vez que son sacrificados. Y esto por dos generaciones al menos, así que repetirlo y verificarlo les toma varios años. Finalmente, antes de que una agencia autorice su uso, se hacen pruebas en humanos voluntarios.

—Claro, todo esto no es noticia y, además, es un tema muy difícil de tratar sin que la gente cambie de página o se quede dormida con el periódico como cobija —comenté—. Me imagino la noticia: "Sin evidencias de que la canola transgénica pueda afectar humanos". ¿Me pregunto quién leería más allá del título?

—Pues yo lo redactaría de otra forma —intervino Emilia—: "Sobreviven los animales a la alimentación con canola transgénica".

Y todos reímos seguros de que realmente así lo haría.

—La prensa también abusa de la bondad de los alimentos y exagera a veces sus atributos —advirtió Elisa—. Por ejemplo, acabo de leer un estudio sobre un nuevo alimento derivado de la biotecnología. Se trata de un hongo del que extraen una proteína que han denominado *micoproteína*. Pues bien, en los estudios de toxicidad que se hicieron en la FDA (Agencia de Alimentos y Medicamentos de Estados Unidos), encontraron que su consumo no sólo era seguro, sino que además reducía los niveles de colesterol en la sangre. Cuando uno lee sobre los beneficios o los daños que puede causar un alimento siempre debería pedir una referencia de algún estudio de este tipo, pues se califica y descalifica con mucha ligereza a los nuevos productos, sobre todo en el caso de los modificados genéticamente. Unos dicen que son cancerígenos, mientras que otros, que hasta el sida curan.

—Yo opino —dijo el jefe, dejando un espacio para que todos guardásemos silencio—, que la relación con los alimentos es más bien personal y cultural. A mí, por ejemplo, me enferma todo lo que viene del mar y, además, simplemente no puedo con la comida oriental, sin contar con que de niño padecí numerosas alergias. En cambio, un buen mole de olla, o una barbacoa en salsa borracha, bien valen una noche en vela.

—¿Y cómo analizan lo de los alergenos? —insistieron el corresponsal y Emilia, quienes también tenían sus dudas respecto de las alergias.

—Pues se trata de uno de los aspectos más cuidadosamente analizados hoy en día —respondió Elisa—. Aunque, como dice el jefe, la alergia es una respuesta personal a los alimentos. Hay quien puede comer piedras y seguir sano, y hay quien con decirle "mi vida" se llena de ronchas. Por eso, y a pesar del alto número de alimentos comunes que causan alergias, como la nuez, los mariscos, la leche, el huevo, las fresas, el pescado, y muchos otros, y a pesar de que hasta un cinco por ciento de los niños padecen algún tipo de alergia alimentaria, no se podría usar una proteína con antecedentes alergénicos como por ejemplo las llamadas albúminas, similares a la que abunda en la clara de huevo o en semillas. Las nuevas proteínas se verifican de muchas formas: se aplican en la piel, se ponen a reaccionar con los anticuerpos de las personas que son alérgicas al alimento del cual provienen, y finalmente se prueban en humanos. Pero para esto, antes se verifica que su estructura no se parezca a la de más de 300 proteínas alergénicas conocidas, se verifica que sean digeridas por los jugos gástricos y se tratan con ácidos tal y como sucedería en el estómago. Cualquier sospecha de problemas es motivo de un análisis cuidadoso, y de confirmarse el riesgo de alergenicidad no se aprueba el alimento.

Todos veíamos a Elisa perplejos, pues no sospechábamos que en tan poco tiempo hubiese podido recabar tanta información y, sobre todo, que la evaluación de la seguridad de los alimentos fuera tan detallada.

—Pero, ¿y a largo plazo? —preguntó Emilia, ante el desaliento del resto de los asistentes.

—A largo plazo, Emilia —le dije intolerante—, sólo tú, con tu bola de cristal, puede decirnos lo que pasará.

17

Reivindicando a Frankenstein

¡Lo hallé! Aquello que me aterrorizaba, aterrorizará a los demás;
sólo necesito describir la figura fantasmal
que se ha apoderado de mi almohada de medianoche.
MARY W. SHELLEY

El equipo de producción de Perspectiva Científica, grupo de divulgadores con distintos antecedentes académicos y experiencia profesional, elaboraba un guión de televisión sobre los alimentos transgénicos. Max Arredondo, más conocedor de los aspectos técnicos de la producción, había terminado de elaborar una introducción que compartía con Gaos, al que llamaban el *Cebollas*, con más tablas en la investigación experimental; el guión comenzaba así:

181

La mayor parte de las versiones fílmicas de la famosa novela de Mary Shelley, *Frankenstein or the Modern Prometheus*, coinciden en aterrorizarnos ante la imagen de un individuo medio gigantesco y verdoso, reconstruido con fragmentos de diversos cuerpos, que muestra grotescas suturas en la piel, con un cerebro de origen tenebroso y un par de tornillos en el cuello (conectados tal vez a la médula o a las carótidas), conductos por los cuales una descarga eléctrica le dio vida. Excepto por el conocido Herman Monster de la serie televisiva, todo mundo recuerda con cierto horror y morbo que el resucitado engendro enfurece y, tarde o temprano, mata a su creador. El mensaje aparente —al igual que en varias novelas de Michael Crichton, como *La amenaza de Andrómeda*, *El hombre terminal* o *Parque Jurásico*— es que el juego soberbio del hombre con los elementos o con las fuerzas de la naturaleza siempre acaba en desastre.

Lo que en muchas de estas películas normalmente se ha omitido o de plano no trasciende es un análisis más formal de los autores, y a veces hasta del director, en torno a la creatividad humana y sus eventuales límites. En cambio, en las obras originales se hacen planteamientos de tipo científico y filosófico muy atractivos; una combinación de lo que el ser humano puede llegar a conocer o a fabricar que desemboca en algo más que una idea y se entremezcla con sus obsesiones y con las de los personajes en su entorno, lo que nos deja un mensaje más profundo que el escritor Jacob Bronowski ha definido de la siguiente manera: "Los valores [científicos, culturales] por los que sobreviviremos no son reglas de conducta justa o injusta, sino que son aquellas iluminaciones más profundas bajo cuya luz precisamente, la justicia y la injusticia, el bien y el mal, medios y fines, sean vistos en contornos tremendamente claros".

En éstas y otras obras, se compara la actitud de los protagonistas ante un objeto desconocido, un monstruo o una creación humana inesperada; en el caso de Frankenstein, se sugiere una ambivalente necesidad del personaje por ser conocido y comprendido más allá de los prejuicios (como cuando toca la flauta, o convive con la niña y la flor, o simplemente cuando asustado en su escondrijo aprende a hablar, por citar sólo unos ejemplos). En un momento dado, el monstruo presenta el dilema: inclinarse por la parte que lo llama al amor y lo bello, o seguir sus inclinaciones hacia el mal. Al final, aparentemente, son las circunstancias externas las que definen su destino.

Pensativo, pero de golpe, Max reunió los papeles y se quedó pensando. Gaos preguntó:

—¿Es una crítica de cine, o vamos a hablar de transgénicos?

—¿Ya tienes el otro texto?, ¿el del procedimiento de generación de transgénicos? —reviró Max autoritario.

—Todavía no; quedamos en que lo discutiríamos entre todos. Pero ya revisé este otro que elaboraron el *Lobo* y el *Mulato* —respondió Gaos, descendiente del exilio español en México, refiriéndose a los más teóricos del grupo, biólogos de formación, pero metidos en lides filosóficas, editoriales y demás—. Te lo leo despacito a ver si lo entiendes; lo titularon "¿Quién es Frankenstein?", y dice así:

Gracias a la investigación biológica reciente, hemos comprendido mejor que la vida como un todo utiliza para desarrollarse unos cuantos componentes químicos fundamentales, como son proteínas, ácidos nucleicos, azúcares, etcétera. Desde hace poco, se ha ido confirmando la hipótesis sobre la evolución de organismos superiores como resultado de la "combinación" de microorganismos que podrían haber sido incompatibles en el pasado remoto y que, sin embargo, al asociarse originaron nuevas opciones de vida: es decir, que bacterias anaerobias, incapaces de vivir en presencia de oxígeno, engulleron materialmente —sin digerirlas— a otras bacterias aeróbicas capaces de oxidar moléculas orgánicas; también ocurrió con algas verdiazules —las cianobacterias— que realizan fotosínte-sis, o con espiroquetas que tienen un cableado interno movible. Estos "Frankenstein microscópicos" provocaron un cambio cualitativo en la biota terrestre y originaron las células eucariotas; es decir, todas las células que forman cualquier bicho conocido excepto las actuales bacterias, que son procariotas. Las células eucariotas son estructuras más grandes, muy estables, que pueden respirar con sus mitocondrias o aprovechar la energía solar en sus cloroplastos o moverse en distintas direcciones con cilios o flagelos; estos organelos son los descendientes de sus socios intracelulares. A escala macroscópica, los líquenes actuales son asociaciones casi inseparables de algas verdes y hongos; las termitas dependen de bacterias que se alojan obligadamente en su intestino para degradar la madera, al igual que las vacas dependen de ellas para degradar la celulosa; los helechos conviven íntimamente con las cianobacterias y es previsible que las leguminosas, como el frijol, acaben fusionándose con las eubacterias (rizobios) que por el momento y desde hace miles de años les proporcionan el nitrógeno del aire gracias a "acuerdos fisiológicos" e incluso intercambios de información genética para adquirir nuevas funciones que les han permitido sobrevivir mejor y diversificarse. Más recientemente, desde que la humanidad intervino en estos procesos de variación, intercambio y selección, hemos modificado severamente el paisaje biológico, y, vale la pena decir, estamos orgullosos de ello al grado de que catalogamos de "herencia cultural" al maíz, el frijol, la calabaza, el chile y el jitomate; pero también al trigo, el arroz, la papa, el olivo, y hasta a los vacunos, caprinos, porcinos, etcétera, producto de nuestras necesidades y gustos. Retrospectivamente, aparte de la reducción de áreas silvestres, no es fácil decir que se tengan efectos irreversibles (como sinónimos de dañinos) causados, por ejemplo, por la agricultura de trigos, la crianza de borregos, el cultivo de la vid, la apicultura o la acuacultura, ya que no concebimos el desarrollo humano sin estas prácticas. La velocidad y eficiencia de esta transformación ha crecido considerablemente, lo cual nos ha complicado el proceso de asimilación, y ha aumentado nuestra preocupación al considerar que se trata de un proceso difícil de detener. Sin embargo, hasta ahora no se han creado "nuevas especies", como sostienen algunos, sino un mayor número de variantes de los tipos originales. Para el desarrollo agrícola, se recurrió primero a la variabilidad genética, posteriormente a la cruza con parientes cercanos, todo esto de manera empírica, mezclando genomas a la manera del doctor Frankenstein. No obstante, hoy se aprovecha el conocimiento para desarrollar nuevas variedades de manera racional y específica, además de que se realizan pruebas en campo a fin de evaluar con cautela su comportamiento a corto y mediano plazos.

Gaos levantó la vista y comentó:

—¿Cómo la ves? Me parece que sí dejaron claro el mensaje: ¡para Frankenstein, los de antes!; la comparación con lo que se está haciendo hoy en día en materia de modificaciones genéticas es totalmente inadecuada. Por lo menos en el contexto de la agrobiotecnología, el símil con Frankenstein es muy burdo porque previamente otros procedimientos para la producción agropecuaria y la medicina nos han llevado a hacer combinaciones y mezclas especiales que en la naturaleza no encontramos y que, sin embargo, han resultado eficaces.

—A ver, a ver —pidió Max—, dame un ejemplo de cuáles Frankenstein se producen actualmente en el campo.

—Pues los injertos, mi buen. ¿No me digas que no sabes de injertos de cítricos en otros arboles frutales?; son dos variedades o especies que se "pegan" e integran fisiológicamente, produciendo nuevos tipos de frutos. Y hay otro muy claro, que ya mencionamos; hoy en día también se fabrican inoculantes para aumentar el número de bacterias benéficas alrededor de las raíces de las plantas. Estas bacterias, incluso si crecen dentro de los tejidos vegetales, ayudan a aprovechar el nitrógeno del aire para nutrir a la planta, y otras promueven el crecimiento de la raíz lo que se traduce en mayor aprovechamiento de agua y nutrientes que, a su vez, produce mejores cosechas sin fertilizantes o riego excesivo.

—De acuerdo, pero tendremos que aceptar el argumento de que en esas asociaciones, no se afecta a tales especies; digamos que los Frankenstein ¿no se reproducen? —afirmó a modo de pregunta.

—Pues en eso estoy sólo parcialmente de acuerdo; tampoco se heredan las inmunizaciones ni las transfusiones o los transplantes y, sin embargo, no dejan de ser combinaciones poco naturales, ¿no crees?

—Ajá, tienes razón, además las vacunas también generaron mucho temor e incertidumbre en su momento. Me acuerdo de mis lecturas de primaria sobre la gran resistencia de la gente de hace tiempo a creer en los resultados de Edward Jenner, quien inmunizaba contra la viruela inyectando extractos de las pústulas de las vacas enfermas.

—No sólo él se planteó dilemas y se enfrentó a las críticas. Lo mismo le sucedió a Pasteur con el virus de la rabia y un poco después al doctor Río de la Loza cuando trajo los cultivos atenuados del virus a México. Pero ya ves, ahora es obligatoria la Cartilla Nacional de Va-cunación para nuestros hijos.

—Pero la cosa se complica y pocas veces reflexionamos sobre ello —concluyó Gaos—, si no, dime, ¿qué piensa la gente de las transfusiones sanguíneas? ¿A poco cada vez que se dona sangre, se pregunta a la persona que la da o a la que la recibe si tiene tales o cuales méritos o ideología o fondo racial? Entregamos y recibimos un elemento esencial de nuestro cuerpo, qué bueno, debe estar saludable y debe ser compatible en cuanto a los grupos sanguíneos, pero lo importante es que el receptor sobreviva y el donador permanezca sano y punto. ¿Acaso alguien se pregunta si el receptor es o no un nuevo Frankenstein?

—Ya te entiendo; si vamos más lejos, es como pensar que los que necesitan una prótesis o un marcapasos o se someten a una diálisis en un riñón artificial son también nuevos Frankenstein ¿no?

—Exacto, y cuando hablamos de transplantes, como que no sería ético decirle a un señor que recibió un corazón o un riñón de un donador anónimo que es un Frankenstein "de a de veras".

—Es cierto, en ese terreno no nos planteamos ahora muchas interrogantes, aunque existe resistencia en algunos grupos religiosos. La esperanza de todos de prolongar la vida, la de nuestros seres queridos ante una enfermedad irremediable o, más aún, el deseo de tener descendencia, nos hace solidarios y dispuestos a compartir y a extender la vida, por supuesto con métodos artificiales y "mezclas orgánicas". Y si no, ¿qué es la inseminación artificial y qué son los niños de probeta?

—Oye, pero ya nos fuimos hasta la cocina. El tema era la falacia de convertir un riesgo consciente y analizado, como es la transgenosis, o inclusive el simple flujo genético, en un terror asociado con Frankenstein, pensando en que las plantas provoquen un reguero de genes (como si no lo hubiera ya desde que se desarrollaron los híbridos) y que, comparándola con la contaminación, resulte una catástrofe definitiva y total.

—Ahí está el asunto —admitió Max—, y, además, casi nadie reflexiona sobre el hecho de que metodologías similares están permitiendo desarrollar la novedosa terapia génica, mediante la cual se modifican genes de un ser humano al introducir células propias modificadas para corregir errores genéticos. Aunque, claro, me vas a decir que esto afecta al individuo pero no a sus hijos, y que en cambio las semillas transgénicas incluyen un cambio genético irreversible que sí es heredable.

—Pues sí, pero, nuevamente, un poco de historia nos hace bien; recordemos que hemos aislado y reintroducido al ambiente diversas especies modificadas. De modo concreto, bacterias, hongos, plantas y hasta animales no nativos y domesticados, que sí han cambiado el paisaje de la Tierra. Y, sin embargo, mmm... no creo que se haya dado ningún desastre incontrolable o letal. Además, con los organismos modificados genéticamente existe una percepción entre la gente de que todo se hace con una tecnología muy complicada e incierta que se utiliza indiscriminadamente.

—Pues, otra vez la solución es seguir investigando en las áreas en las que aún hay incertidumbre, sobre todo desde el punto de vista del impacto ambiental, y dar a conocer los riesgos y los beneficios de cada construcción y cada nueva planta transgénica para disminuir así los temores entre los propios académicos y en la opinión pública, así que hay que introducir aquí una descripción clara de los aspectos técnicos y científicos.

—¡Sí, cómo no! ¡Qué fácil lo dices! —exclamó Gaos burlonamente—. ¿A ver?, te reto a que incluyas en este guión todos los conocimientos que se requieren para entender cómo se hace un transgénico.

—Tienes razón, sería muy ambicioso pero, bueno, al menos intentaría explicar tres conceptos que me parecen fundamentales. Primero: que las plantas pueden regenerarse de manera natural a partir de un puñado de células, por ejemplo, las que hay en las puntitas de tallos y raíces, los llamados meristemos. Vaya que, incluso, bajo ciertas condiciones experimentales, es posible lograrlo aun a partir de una sola célula.

—¿Y qué ganan con saber eso? Estoy anotando.

—Pues que si esas pocas células se modifican genéticamente, se obtiene un organismo completo con ese cambio heredado en todos sus tejidos y órganos. Luego, les diría que, desde la época de los sesenta, se descubrieron y aislaron varias enzimas provenientes de microorganismos que de forma natural modifican el material genético, el ADN, y que, bueno, son capaces de cortarlo, pegarlo, copiarlo o degradarlo selectivamente; también, que pueden añadirle grupos químicos adicionales para que esta macromolécula funcione de modo novedoso. Como ese procesamiento lo aprendimos a hacer en el laboratorio, tenemos en resumen una forma de elaborar una especie de "edición" de pedazos o secuencias de ADN, de genes, como si se tratara de una película. Finalmente, hay que incluir el concepto de *transformación genética* como la posibilidad de introducir genes individuales en el genoma de una especie. Allí hay que explicar que esto mismo ocurre en la naturaleza, entre diversas bacterias, y, al menos en un caso, con plantas. En el laboratorio se aprovechó esto y se ideó una forma alterna para hacerlo de manera más efectiva. Y que fue así como en la actualidad se pueden emplear varios métodos para transformar plantas. ¿Qué tal?

—¿Y después? ¿A poco piensas explicar cómo hacer que un gen se introduzca en la célula? Porque hasta donde recuerdo el doctor Frankenstein sólo juntó pedazos y aplicó electricidad —dijo Gaos, sonriendo al recordar la famosa escena en la que un rayo es el toque final que da vida al monstruo.

—Pues acuérdate de que aquí también se le pueden dar toques a las células para que se abran poros en sus membranas y dejen entrar seg-mentos conocidos de ADN.

—Claro, la electroporación. Hay equipo especial para hacer eso con bacterias, plantas, y demás.

—Bueno, el método del que hablamos antes utiliza justamente una especie de "acarreador molecular" —sonrió Max—, un vehículo para genes que no es sino un pequeño cromosoma modificado de la bacteria *Agrobacterium tumefaciens* la que, a su vez, tiene las instrucciones para "inyectarlo" dentro de una célula vegetal y llevar el gen que porta hasta el núcleo para luego insertarlo en algún lugar de su genoma. Una especie de caballo de Troya.

—Pero recuerda que como no todas las plantas son compatibles con ese bicho hay todavía otro método bastante efectivo que consiste en disparar minúsculas balas de oro que llevan impregnado un ADN específico a un grupo de células; se utiliza la llamada pistola de genes (*gene gun*), o más técnicamente, la microbiobalística.

—En los tres casos, es factible que las células que no se mueren del toque, de la infección, o del balazo, incorporen un gen "editado" a su material genético y después se multipliquen formando una planta completa y fértil que hereda el nuevo gen y su función.

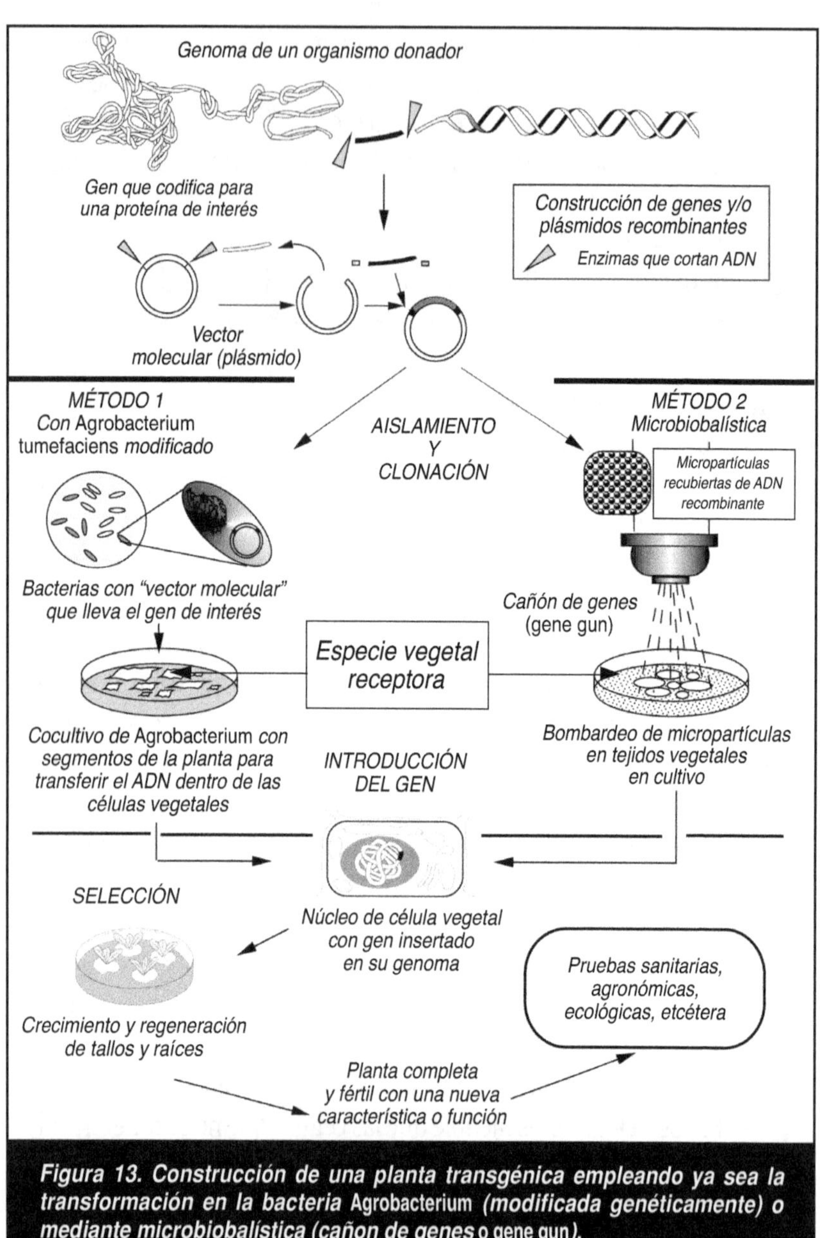

Figura 13. Construcción de una planta transgénica empleando ya sea la transformación en la bacteria Agrobacterium *(modificada genéticamente)* o mediante microbiobalística *(cañon de genes* o gene gun*).*

—¿Y cómo explicarle a la gente que esas nuevas variedades no son como los frijolitos que crecen hasta el cielo o que van a invadir los bosques y las ciudades? —preguntó Gaos recordando otra famosa película de su juventud.

—Pues ese es el meollo del asunto. Para eso estamos haciendo este guión, y deberían hacerse decenas de ellos. Debe mostrarse que, a diferencia de Frankenstein, la nueva planta no se distingue con facilidad de sus congéneres. Sólo un par de sus 20 mil o 30 mil genes originales es nuevo, así que hay que aplicar técnicas muy precisas de "amplificación" química de los genes para detectar la presencia del transgen que andamos buscando. Y claro, hay que demostrar que ese nuevo gen funciona, que es heredable y, por supuesto, útil sin que cambie las propiedades características de la planta original; que las construcciones sean estables, y además que, en un futuro cercano, los transgenes puedan expresarse de manera específica en el genoma de los organelos (el cloroplasto o la mitocondria), acabando con los temores de que las proteínas viajen con el polen. Por otro lado, hay que descartar que la nueva proteína, o los compuestos que pueda producir, representen riesgo alguno para la salud según las técnicas tradicionalmente empleadas para evaluar los alimentos.

—Está bien —aceptó Gaos—, suena complejo, pero me gusta la forma en que lo planteas; aunque hay que destacar que con ese procedimiento es necesario aislar y modificar previamente los genes que se habrán de introducir a las plantas.

—Exacto; deben incluirse en ellos las señales de control genético que la planta sabe "obedecer". Desde el punto de vista de la investigación, se han ensayado ya muchas variantes para entender cómo funciona al detalle este "alfabeto genético". Pero en el ámbito aplicado, es decir, con un potencial biotecnológico para la agricultura, la salud, o el ambiente, es obvio que la proteína que va a producir el gen introducido debe, además, aportar a la planta o al proceso alguna ventaja. Si no, pues mejor seguimos cultivando la planta convencional. La nueva variedad transgénica debe, por ejemplo, crecer en medios adversos como podrían ser los suelos ácidos, o resistir las plagas o tener más vitamina A o dar más rendimiento por hectárea al productor.

—¡Terribles monstruos! ¡De veras no entiendo por qué tanta resistencia!

—Con cuidado, Gaos. Creo que parte del problema ha sido plantear que todos los transgénicos representan ventajas, o que los procesos transgénicos son el único modo de mejorar las plantas. Hacer generalizaciones fáciles es peligroso. Eso de que la biotecnología alimentará y salvará al mundo es tan falaz como que sea su peor amenaza. Analicemos con cuidado cada nuevo producto, en su contexto agronómico, alimentario, ambiental y, finalmente, social, y entonces decidamos qué nos conviene y qué no.

—Está bien, tienes razón —admitió Gaos—, es importante ser objetivo; con frecuencia uno pierde el piso; para evitarlo, debería haber reglas generales para la evaluación, ¿no crees?

—Existen, pero hay que actualizarlas para sacar provecho de nuevos descubrimientos e innovaciones tecnológicas en este campo. En nuestro caso es deseable que los proyectos agrícolas y sobre biodiversidad, prioritarios para el país, puedan seguir siendo promovidos por instituciones académicas y grupos sociales y no solamente por las grandes empresas que, a través de las patentes, pueden volver inaccesibles ciertos avances.

—Y qué, ¿tú crees que debemos mencionar algo sobre los proyectos mexicanos en plantas transgénicas?

—Por supuesto; tanto en el ámbito de la investigación como en el del desarrollo tecnológico existen proyectos de interés nacional, así como otros vinculados con empresas. ¿Quién, si no los grupos de investigación y desarrollo nacionales, puede abordar los problemas que para nosotros son relevantes? Los primeros transgénicos se han concebido sobre todo para beneficio del agricultor, pero estamos en espera de los desarrollos que vengan a levantar el campo mexicano, no necesariamente a través de la generación de grandes utilidades, sino para resolver problemas locales de producción que tienen que ver con plagas, escasez de semillas, el aprovechamiento de productos poco explotados… Se nos olvida, por ejemplo, que tenemos algo que les falta a los estadounidenses: un clima fantástico ¡la mayor parte del año!

—Y digamos, en las actuales condiciones, ¿qué pasa si se detiene la importación de granos o se declara una moratoria a la aprobación de nuevos cultivos o incluso se restringe la investigación por insegura? —preguntó Gaos en el papel de abogado del diablo.

—Pues que la soberanía alimentaria que todos supuestamente deseamos no se alcanza con discursos ni viajando al pasado sino con prácticas agrícolas que nos coloquen en una situación no digamos ventajosa en el plano internacional pero sí que al menos satisfaga los requerimientos nacionales. En China se ha impulsado recientemente el cultivo de transgénicos, incluyendo variedades modificadas genéticamente que pueden ser regadas con agua de mar. ¿Sabes lo que dice el gobierno chino a las objeciones ambientalistas?

—No, ¿qué dice?

—Pues que con la siembra masiva de transgénicos le hacen un favor al mundo. Si funciona, habrán demostrado fehacientemente que se trataba del buen camino. Si no, pues entonces ¡a ver cómo le hace el mundo para contender con millones de chinos hambrientos!

—Lo que sugieres —concluyó Gaos anotando—, es que fortalezcamos la capacidad científica y tecnológica que nos permita por ejemplo encontrar nuevos genes útiles para mejorar nuestras propias variedades o nuestras especies olvidadas; que seamos capaces de detectar y rastrear la presencia y el movimiento de transgénicos; que sepamos, también, cómo evaluar bajo lineamientos internacionales y para nuestras condiciones particulares los aspectos de flujo genético y las consecuencias de lo que erróneamente se ha llamado la *contaminación genética*, pues por definición algo que contamina daña y el movimiento de genes, aunque en este caso indeseable, no necesariamente conlleva un efecto nocivo. Y, desde luego, todo esto en el marco de una política nacional muy clara, que defina la conveniencia económica y ecológica de determinados cultivos. En resumen, para tener soberanía alimentaria necesitamos forzosamente tener soberanía científica, tecnológica y productiva.

—¡Bravo *Cebollas*! —aplaudió Max entusiasmado, llamando a su colega con más confianza—, yo no lo hubiera podido expresar mejor. Y aun suponiendo, sin conceder, que se tratase de algo como Frankenstein, en vez de rechazarlo violentamente por su supuesta maldad, inherente a su "construcción genética", atrevámonos a buscar y cultivar el lado humano y generoso, que sus detractores nunca le pudieron reconocer.

—Mmm... el guión quedaría muy bien con este giro. En vez de linchar o asesinar a los Frankenstein modernos, mejor reunamos a la gente en asamblea (en nuestro caso, gobierno, empresarios, academia, productores, consumidores, ambientalistas, etcétera) para abrir un foro en donde se expliquen y se discutan todas estas aparentes complicaciones y así decidir cómo convivir con ellos o, de plano, si se requiere, contenerlos en alguna zona especial donde puedan desarrollarse con todo su potencial, sin espantar al prójimo. Cuidar nuestra riqueza ecológica sí, pero lograr también la soberanía alimentaria y el desarrollo regional.

—Genial, mi amigo, creo que así estamos en camino hacia un buen final para el guión —concluyó Max satisfecho.

Epílogo

B. ¿Cómo estáis, Rocinante, tan delgado?
R. Porque nunca se come, y se trabaja.
B. Pues ¿qué es de la cebada y de la paja?
R. No me deja mi amo ni un bocado.
B. Andá, señor, que estáis muy mal criado,
Pues vuestra lengua de asno al amo ultraja.
R. Asno se es de la cuna a la mortaja.
¿Queréislo ver? Miradlo enamorado.
B. ¿Es necedad amar?
R. No es gran prudencia.
B. Metafísico estáis.
R. Es que no como.
B. Quejaos del escudero.
R. No es bastante.
¿Cómo me he de quejar en mi dolencia,
si el amo y escudero o mayordomo
son tan rocines como Rocinante?

Del diálogo entre Babieca y Rocinante
Don Quijote de la Mancha, Miguel de Cervantes Saavedra

La escena se desarrolla nuevamente en la mesa de trabajo de los autores. Llevan horas discutiendo y rescribiendo las conclusiones. Artículos recientes, revistas, notas periodísticas, un primer borrador y la lista de temas que falta por abordar, además de las dudas sobre la claridad de los ya tratados, ha generado una encendida polémica que los tiene al borde de la ruptura, como la que casi hace fracasar la escritura del libro cuando A1 decidió volverse vegetariano y naturista, justo a la mitad del capítulo 11. Ahora A1 insiste en incluir como capítulo final un viaje a Europa —una luna de Júpiter con indicios de *contener* agua líquida—, mientras que A2 considera la idea una alucinación sin mucho sentido pedagógico y se inclina por una conclusión más ortodoxa. Argumentos van y vienen. Nuevamente L los interrumpe y se incorpora al diálogo.

A2: La verdad, A1, ese rollo de viajar a Júpiter a visitar a los supuestos habitantes de Europa y regresar con semillas, frutas, animales y no se cuánta cosa más, no sólo carece de sentido sino que lo veo muy complejo como para concluir el libro.

A1: Pues estás perdiendo tu capacidad imaginativa. No se trata necesariamente de Europa, el mayor satélite joviano, sino cualquier otro sitio fuera de la Tierra, porque aquí ya no habría lugar. Supongamos una expedición interplanetaria, a bordo de la Niña, la Pinta y La Santa María II, que regresa cargada de organismos vivos desconocidos, iniciando un flujo que, a diferencia de lo que sucedió en el siglo XV, esta vez se daría con pleno conocimiento de lo que esto implica desde el punto de vista ecológico y en plena crisis de producción de alimentos en el planeta. Esto permite plantear toda una serie de consecuencias que este intercambio traería, y cuál podría ser la postura de la humanidad al respecto. Piensa, ¿qué le hubiéramos dicho a Colón de haberlo recibido nosotros a su regreso?, o bien, ¿qué tendríamos que saber en este escenario futuro?, ¿qué riesgos correríamos?

L: Claro, pero ustedes están suponiendo además que los europeos de Júpiter pueden ser sometidos y saqueados.

A2: ¿Ya ves?, ¡todo se complica! Aun concediendo que el lector aceptara avances en materia de transporte y fantasías sobre la vida en Europa o en un planeta distante, de todos modos habría que lidiar con situaciones que nos desviarían del tema y sin duda acabaríamos sin saber dónde concentrarnos: o en un rechazo europeo a la piratería de su material genético o en un bloqueo acá para evitar la entrada de material cosmotransgénico; de plano, sería una versión biotecnológica de *Viaje a las estrellas*.

A1: Pues de eso se trata, justamente, de analizar, desde nuestra actual perspectiva, cómo ese tipo de intercambios ha sucedido una y otra vez en nuestro planeta: movimientos de especies vegetales, animales y hasta de microorganismos; de prácticas productivas, culinarias, médicas, etc., para dejar claro cómo, gracias a eso, actualmente poseemos un acervo más diverso de posibilidades de supervivencia.

L: Pues yo pienso que todo eso suena bien, maestro. Así, para estar a la moda democrática podrían proponer una comisión terrícola que analizara los riesgos de desplazar algunas prácticas agrícolas en nuestro planeta por otras europeas y viceversa, teniendo en cuenta la presión ecológica de que ya pronto pudiese no haber más material de estudio para la ecología; a ver cómo entre los dos astros se podrían satisfacer las necesidades de alimentos y de salud, así como la preservación y rescate del medio ambiente.

A2: ¡Híjole! Eso me gano por haberles prestado el texto sobre sustentabilidad y huella ecológica en la Tierra.

L: A mí no me prestó nada, maestro.

A1: Sí, L, quizás ya no lo recuerdas, pero lo discutimos tú y yo, pues no te gustaba eso de "huella". A2 se refiere al artículo donde se calcula que el promedio de tierra productiva que requiere un ser humano para vivir, con todo lo que esto implica —alimento, agua, energía, transporte, comercio, eliminación de sus residuos, etc.—, es de una hectárea en los países pobres, pero de 9.6 en Estados Unidos y un promedio de 2.1 en el planeta. Algo así como su huella en el planeta. Así es que si todos los habitantes en la Tierra quisiéramos tener un nivel de vida y de consumo igual al de los estadounidenses, con los niveles de tecnología actuales, necesitaríamos cuatro planetas Tierra más.

A2: Así es. Pero te lo tomaste literal y andas soñando en la búsqueda de más planetas en vez de llevar la reflexión hacia nuestra actividad aquí, en la Tierra; no debemos perder ningún espacio para hacer ver a las personas la necesidad vital de tomar conciencia, de participar y de usar las herramientas de las que disponemos para enfrentar la catástrofe que se avecina si la tierra disponible y el agua potable continúan disminuyendo al ritmo actual. De hecho, en un estudio reciente se afirma que desde 1978 excedimos la capacidad de la Tierra para sostenernos; y para el año dos mil, ya estábamos 1.4 veces arriba de esa capacidad.

A1: Bueno, acepto que el ejemplo del viaje a Europa no sea muy claro, pero eso era lo que quería señalar, por ejemplo cuando planteo que el 12 de octubre de 1999 nació el terrícola número 6,000 millones y que desde entonces llegan otros 200,000 cada día, suficientes para poblar una nueva ciudad, y también que hoy habría más biomasa en los humanos, que en cualquier otra especie de grandes animales.

A2: Pues parece que estás de acuerdo entonces en abordar el tema directamente. Tendríamos que empezar por recordar cómo desde el pasado remoto varios grupos animales y vegetales, por causas diversas, se han desplazado de unas áreas geográficas a otras; de cómo el entorno ecológico de los continentes ha cambiado, y que si bien antes dominaban los helechos, las coníferas y los reptiles, ahora lo hacen los mamíferos con sus inquilinos intestinales, así como las plantas con flores e insectos. Los fósiles y algunas pistas curiosas, como ciertas especies que fueron constreñidas a ambientes determinados —los marsupiales de Australia, las cactáceas en los desiertos, los pingüinos en regiones Antárticas—y la mismísima biodiversidad en la "zona de transición" que ocupa nuestro territorio mexicano, nos sugieren que hubo invasiones, colonizaciones e, irremediablemente, extinciones que han modificado el número y variedad de especies en la Tierra. Sobre todo, tenemos que ser conscientes de que la especie humana, desde su aparición, se ha convertido en una causa importante de la distribución y abundancia de muchas especies: se extendieron los cultivos y ganado domesticados y se redujeron muchas áreas naturales. Documentar esto con precisión no ha sido fácil, pero de vez en cuando presumimos sobre "lo que México dio al mundo" y no nos percatamos de que muchas especies de origen mesoamericano, como maíz, frijol, calabaza, cacao, aguacate, chile, guajolotes, y otras tantas, se han esparcido y diversificado y sus genomas se han adaptado a casi todas las regiones del mundo.

A1: Bueno, y para decir eso yo me eché un rodeo hasta Europa, ¿verdad? Honestamente, con esto del viaje tenía también la intención de ilustrar al lector sobre el hecho de que todas las sociedades humanas, con un pretexto u otro, han tratado de expandir sus territorios, de aprovechar nuevos recursos, de encontrar o adaptar técnicas productivas, y de cómo con ello por un lado se generaron varios cultivos a partir de gramíneas, pero también se desplazaron enfermedades como la viruela, la malaria y ahora el sida; se "globalizaron" los productos naturales como las especias y la herbolaria. En fin, mi idea de un gran viaje era recordar lo que las grandes expediciones y travesías en la Tierra nos han dejado no sólo en términos científicos y tecnológicos, sino de bienestar y placer cotidianos: la pasta italiana, el chocolate a la española, el arroz con mole, el tabaco, fármacos como la quinina e incluso la coca y el opio, el papel, la grana cochinilla, la metalurgia... Vaya, hasta la literatura y el arte, y particularmente la pintura y la música se han nutrido de constantes intercambios. Lo que tenemos ahora es con mucho una mezcla de aportaciones biológicas y culturales, originales y regionales. Todo esto para concluir con el tema que nos ocupa: el acceso mundial a los recursos genéticos y sus dos facetas: la bioprospección, que es la búsqueda y aprovechamiento de genes en la biodiversidad para el avance y el beneficio de la humanidad, encontrando la manera de compensar a sus legítimos propietarios; o la biopiratería, es decir, el saqueo, la sobreexplotación y la apropiación indebida de lo que pertenece a la humanidad.

A2: Ahí está. Ése es un tema clave que hay que ligar con otro: el de los procesos de evolución de los genomas; el natural y el artificial (o *forzado*, como dicen algunos). Hay que explicar que el ADN de prácticamente todas las especies es una molécula cambiante y cómo lo pueden modificar factores naturales, tanto externos (radiaciones, mutágenos químicos), como internos (los llamados "genes saltarines" o la alteración química programada), y más visiblemente aún, los procesos reproductivos, así como la selección que hace el hombre mismo. Antes de saber esto, cada civilización, a lo largo de la historia, se ha ocupado de domesticar algunas especies de organismos para usos alimentarios, de transporte, de construcción y hasta rituales y suntuarios. De todas estas especies, un puñado se ha adaptado a crecer en las inmediaciones o en la compañía de los humanos y ahora ocupa una fracción considerable de los espacios que antes ocuparon otras especies, ya reducidas o extintas. Sin embargo, son ahora nuestra herencia cultural y no concebimos la vida sin la regularidad, la productividad, la belleza y, en fin, la identidad que nos dan. Por eso ahora consideramos valiosos el maíz y el trigo, las uvas y la soya, el ganado bovino y los pinos, especies que además requieren la presencia de otros organismos y procedimientos que nos permiten aprovecharlas: microorganismos que fermentan los productos, que los protegen de enfermedades o que estimulan su crecimiento; y hasta de sus parientes silvestres que aportan genes particulares para seguir "mejorando" los cultivos y razas. Así, en principio, todos los cultivos agrícolas y razas animales han provenido de prácticas de selección y reproducción artificial, y sólo ha sido posible obtenerlas gracias al rejuego de la variabilidad genética y la crianza artificial en parcelas, invernaderos, pastizales y establos. Con muchos microorganismos ha sucedido igual y, con el concurso de la investigación científica y el desarrollo tecnológico, estas prácticas han evolucionado hasta llegar a los procedimientos actuales, más rápidos, masivos y definitivamente más seguros. Éstos, que son los métodos de la biotecnología moderna, coexisten con prácticas tradicionales que en muchos casos tienen su lugar dentro de la estrategia productiva global.

L: ¿Pero éste no era un texto sobre alimentos transgénicos?

A2: Pues sí, justamente en eso estriba la conclusión. Necesitamos entonces tratar a los alimentos transgénicos no ya como algo extraño, novedoso y aislado o como un complot peligroso y complicado, sino más bien como el siguiente paso natural de un proceso evolutivo de nuestras técnicas y métodos de producción, a varios niveles. Por eso debemos entrar en un análisis abierto que tome en cuenta todo el contexto en el que están inmersos. Mira cómo buena parte del libro intenta abordar —y combatir— los miedos que siempre han acompañado a los desarrollos tecnológicos, tratando de ubicarnos en una realidad de necesidades, oportunidades, riesgos y beneficios.

A1: ¿Como cuáles?

A2: Es claro, por ejemplo, que en la agricultura hay pérdidas por plagas y enfermedades; combatir estos problemas en los sistemas de producción intensiva nos ha llevado a excesos con altos costos económicos, sociales y ambientales. Existe ahora conciencia y alternativas técnicas para evitar y remediar, pero no se puede bajar totalmente la guardia. La ecología misma ilustra que el tan anhelado equilibrio se da dentro de un ciclo continuo y a veces progresivo, de recirculación de materia y energía que implica principalmente competencia, depredación y simbiosis entre distintas poblaciones. Así, hoy en día el manejo integral de plagas pretende controlarlas, mas no eliminarlas, para lo que hace uso de bioinsecticidas y de refugios; ahora también se intentan diversificar las interacciones benéficas, por ejemplo mediante el uso de inoculantes con fijadores de nitrógeno o con micorrizas, y, en general, aprovechar activamente procesos coevolutivos como estrategia de control biológico. Todo esto sin perder de vista las necesidades de producción de alimentos en calidad y cantidad. En fin, el planteamiento es que la biotecnología, en este contexto, es una poderosa herramienta con la que se cuenta para lograr estos objetivos.

A1: Eso suena más convincente. Estoy de acuerdo en estructurar el último capítulo de otra manera, porque, de cualquier forma, lo del viaje a Europa hacía difícil abordar las conclusiones referentes al hecho de que la biotecnología es una de las primeras tecnologías desarrolladas por la humanidad, y que hoy se ha convertido en la más poderosa de las herramientas de que hemos dispuesto los humanos para garantizar nuestra seguridad alimentaria, transformando y al mismo tiempo preservando el medio ambiente. Lo que sigue es que la seguridad alimentaria como objetivo para el bienestar social y para la elevación de la calidad de vida requiere un sistema productivo amplio y diversificado que permita abordar tanto los problemas globales como los locales. De ahí que un rechazo generalizado de la biotecnología agrícola reduciría sensiblemente las posibilidades para cumplir con este imperioso objetivo de todos los habitantes del planeta.

L: Pero insisto, ¿y los transgénicos?

A2: Oye, creo que no has entendido: ¿cuál transgénico? El planteamiento es no hablar ya de transgénicos sino de cultivos específicos y sus nuevas propiedades. ¿Qué hace esa nueva variedad?, ¿a quién beneficia?, ¿qué ventajas y desventajas tiene en cada contexto? Se trata de hacerse preguntas concretas sobre los beneficios sociales, económicos y ambientales que se obtienen de los métodos modernos de producción, con respecto a los riesgos de no hacerlo o hacerlo de modos alternos. Así, tendremos que ir considerando y difundiendo los beneficios potenciales y posibles riesgos en cada tipo de aplicación, no como un paquete sino con base en la evaluación científica de efectos en la salud humana, la agricultura y el medio ambiente. La discusión y la reglamentación sobre estas bases darán más confianza al consumidor sobre lo que puede lograrse mediante métodos biotecnológicos.

L: A ver, a ver, entonces reformulo la pregunta: ¿Qué onda con el maíz?

A1: Pues también está incluido en este análisis. Los mexicanos po-demos considerarnos afortunados de haber heredado una riqueza biológica y cultural abundante que incluye al maíz como producto social y cultural. Para preservarla e incrementarla en nuestro propio beneficio y como depositarios de un patrimonio universal, es necesario nuestro ingenio, audacia y cautela. ¿Cómo conjuntar esto? Una buena solución sería desarrollar y consolidar una cultura científica moderna que hasta ahora, con sus honrosas excepciones, es más o menos inédita en nuestro país. Por supuesto, uno de los componentes esenciales para nuevas estrategias de desarrollo es sin duda el biotecnológico, aunque no es el único, eso sí esta claro. Pero las soluciones, biotecnológicas o no, tendrán que ser integrales y sustentables, es decir: socialmente justas, económicamente viables y ecológicamente amigables. De otra forma, seguiremos sentados esperando que el destino, o los genes, nos alcancen.

A2: Y por otro lado, no sólo de maíz vive el hombre. Hay que pensar en grande. Nuestra diversidad climática, de suelos y desde luego la biológica, aunada a las diversidades étnica, lingüística y cultural han dado lugar a una infinidad de "nichos" donde hay desde productos autóctonos hasta alternativas de alimentación. Además de historia, ahí encontramos una amplia gama de componentes biológicos, sistemas de producción, métodos de procesamiento y transformación, formas

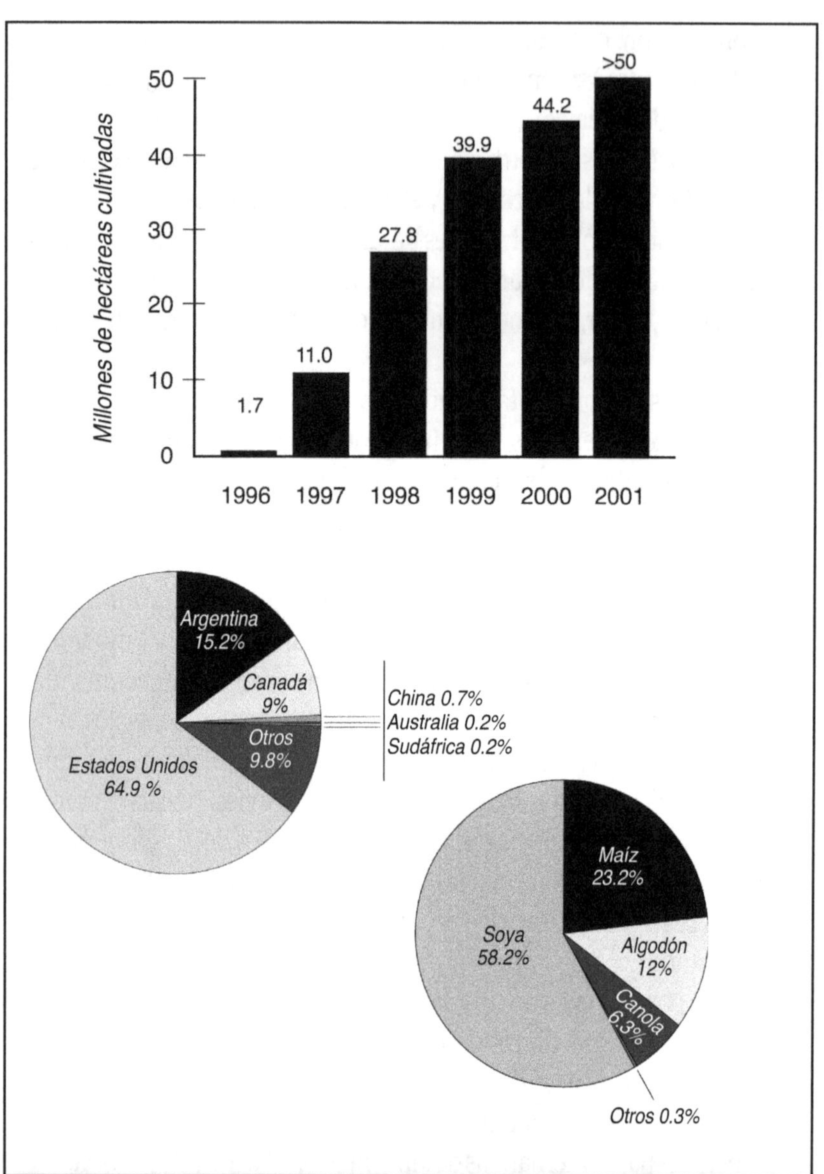

Figura 14. Cultivos transgénicos en el mundo (distribución en el año 2000).

204

de preparación y conservación, e incluso consumo; en fin, toda una riqueza cuyo potencial se puede incrementar a la luz del conocimiento y de las nuevas herramientas tecnológicas, siempre preservando su valor cultural.

A1: ¡Ah, pero cómo nos hemos tardado! Ahí están decenas de ejemplos, desde la biotecnología tradicional hasta la moderna, que muestran que aún hay mucho por hacer: el tequila, el mezcal y el pulque, o la riqueza genética de los agaves y tantas plantas medicinales; la producción y conservación de frutas endémicas, o la tradición en el consumo de flores, ornamentales y de consumo; la producción de hongos o los procesos de fermentación tradicionales como los que se dan en el pozol y el tesgüino. En fin, una visita a los tianguis y hasta a un *súper* citadino podría servir para definir una gama de proyectos de investigación destinada a la aplicación de la biotecnología a la problemática alimentaria nacional.

A2: ¿O sea que ya abandonaste la postura que tenías sobre la biotecnología como *La* solución a todos los problemas de la humanidad, y ahora la reduces a un nivel local?

A1: Mira, jamás he dicho que esto sea la salvación, sino sólo una herramienta más para resolver problemas de la magnitud de éste; nada más fíjate: la producción actual de cereales en el mundo es de unos dos mil millones de toneladas al año, en principio suficiente para alimentar unos 10 mil millones de habitantes... pero vegetarianos. Si el análisis lo hacemos para una dieta como la de los estadounidenses, que requiere la transformación de ese cereal en proteína de origen animal, leche, pollo, huevo, cerdo, etc., entonces sólo alcanza para alimentar y mantener a 2 mil 500 millones. Así que no hay más que de dos sopas: o la de los vegetarianos, o la que permita incrementar los rendimientos agrícolas en al menos 50% en el mismo espacio. Yo no creo que los estadounidenses se vayan a volver voluntariamente vegetarianos y a distribuir su producción por el mundo. Sólo los

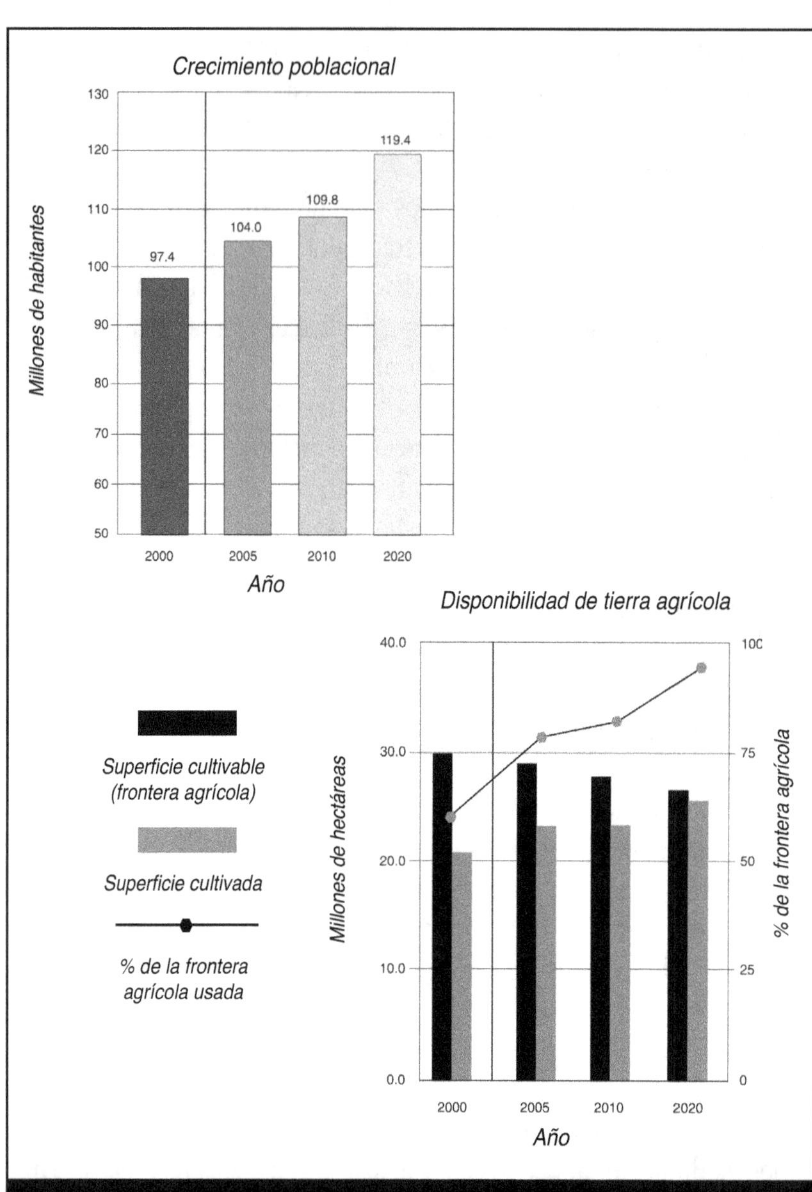

Figura 15. Estimados del crecimiento poblacional en México, así como de disponibilidad de tierra agrícola para los mismos periodos.

chinos, por hablar de los más numerosos, requerirán importar para el 2030 unos 200 millones de toneladas de cereales: esto es ¡todo lo que el mundo exporta hoy!

A2: ¡Con razón dejaste el filete!

L: ¡Pero la gente no quiere transgénicos!

A2: Pues... posiblemente, pero ¿por qué? La respuesta a esa pregunta es una de las causas que nos movió a escribir algunos de los capítulos del texto. En ellos ponemos más datos y métodos a la vista. Para rechazar algo, es importante tener todos los elementos de juicio posibles y, de preferencia, una propuesta alternativa que pueda someterse al mismo tipo de escrutinio. Realmente, una sociedad informada es una sociedad más democrática. Y de verdad, hay mucha información confusa en el ambiente y es obligación de todos actuar con ética y objetividad, sobre todo en la academia, los medios y los niveles de decisión. De otro modo, la gente actúa con complacencia, indiferencia o intolerancia, producto de la desinformación y de la falta de credibilidad que tienen muchas instituciones hoy en día. Claro que todo tiene una razón de ser, y parte del descrédito es resultado de la actitud con la que se ha manejado históricamente una parte del sector industrial. No obstante, otra parte de ese sector es estigmatizado, agredido y agobiado ante la menor sospecha del uso de alimentos modificados genéticamente.

Necesitamos dar una respuesta como sociedad bien informada, tomando las opciones más claras, más seguras para nosotros y para el medio ambiente, y las más económicas, no sólo sobre los alimentos, sino sobre las medicinas y los productos de belleza. Quizás la biotecnología sea también la excusa para que maduremos como sociedad y aprendamos a tomar las riendas de nuestro destino. Aprendamos a distinguir los extremismos que igual plantean grandes amenazas de catástrofes ecológicas, cáncer y muerte por la presencia de un nuevo gen en el maíz o, por otro lado, las que prometen el paraíso terrenal.

Escuchemos lo que los productores tienen que decir al respecto. Si nuestra preocupación está verdaderamente por la vida en el planeta, tendremos que revisar qué es lo que hemos hecho bien y qué no en nuestra relación con el medio ambiente, sobre todo en lo que a la agricultura se refiere. Quizás sea necesario empezar a pensar y a actuar de una manera diferente. Quizás sea necesario empezar a producir de una manera diferente. Quizás sea necesario tener una nueva actitud hacia la tierra y quienes la trabajan; no sólo de respeto, sino la que surge de la clara evidencia de que nuestras vidas están ligadas.

A1: Místico estáis A2.

A2: Es que no hemos comido.

Glosario

ADN. Ácido desoxirribonucleico. Polímero químico que constituye la base molecular de los genes, los cuales contienen la información genética de las células. Está constituido por la combinación y secuencia lineal de cuatro unidades básicas denominadas nucleótidos.

Agregación. En el contexto de una proteína se refiere a un proceso mediante el cual las moléculas de proteína interactúan unas con otras dando lugar a conglomerados (agregados) de mayor tamaño. Eventualmente la proteína alcanza tal tamaño que deja de ser soluble en agua (veáse coagulación).

Aminoácido. Unidad básica de la que están constituidas las proteínas. Existen 20 aminoácidos comunes que en éstas, están dispuestos en un orden lineal específico para cada proteína. La secuencia final de los aminoácidos en una proteína está previamente definida por la secuencia de nucleótidos (código genético) del gen correspondiente en la molécula de ADN.

Asperjar. Rociar o regar. Se refiere a la aplicación de plaguicidas en los campos de cultivo por una persona o en avión.

Clona/clon. Grupo de células u organismos producidos a partir de un solo progenitor. Al no haber combinación genética, como en la reproducción sexual, las clonas son genéticamente idénticas a la célula que les dio origen.

Coagulación. En el contexto de una proteína, se refiere al proceso mediante el cual una proteína deja de ser soluble (coagula o precipita) a través de la formación de agregados o grumos (por ejemplo, la leche cortada).

Expresión (genética). Proceso por el cual la información codificada en los genes (genotipo) se convierte en el conjunto de características y funciones de la célula o de un organismo (fenotipo).

Enzima. Proteína que actúa como catalizador de las reacciones químicas en los seres vivos acelerando miles de veces la velocidad con la que se llevan a cabo. En general, cada transformación química de una molécula dentro de la célula es catalizada por una enzima específica.

Fermentación. Proceso mediante el cual los microorganismos crecen y transforman azúcar en compuestos más sencillos y más oxidados. En su sentido más amplio, se entiende como la operación mediante la cual una materia prima (melaza, bagazos, jugo de frutas, leche) es transformada en otros productos por la acción de microorganismos, para la obtención de productos (alcohol, vinagre, queso, antibióticos, etc.).

Gen. Segmento de un cromosoma que dirige la síntesis de una proteína específica. Además de codificar la secuencia de aminoácidos de la proteína, contiene otras señales de "inicio" (promotor) y "paro" (terminador) y en el caso de los eucariotes, otros fragmentos que se recortan (exones).

Genoma. Constitución hereditaria fundamental; acervo genético completo que comprende todo el ADN (genes y el resto de ADN no codificantes), que está presen-te en las células de organismos biológicos.

Ingeniería genética. Conjunto de técnicas que permiten manipular el material genético para introducir, modificar o eliminar determinada información que afecta la síntesis de alguna proteína.

Metabolito. Cualquier sustancia derivada de las reacciones bioquímicas de degradación (catabolismo) o biosíntesis (anabolismo), en un organismo.

Mezcla racémica. Mezcla formada por cantidades iguales de dos formas espaciales diferentes de la misma sustancia, donde una es la imagen en el espejo de la otra.

Mutación. Cambio en la secuencia lineal del ADN de alguna célula, el cual puede afectar una o varias funciones, o también ser imperceptible, en el ámbito de la célula o del organismo.

Mutante. Organismo que presenta una modificación detectable y heredable, desde el punto de vista estructural o funcional, con respecto al patrón general de la especie.

No codificante (ADN). Fragmentos y regiones del genoma que no poseen información para formar alguna proteína. Incluyen los llamados intrones, así como el ADN satélite y los telómeros, entre otros. Se considera que tienen una función en la estructura o en los cambios evolutivos de los cromosomas.

Organoléptico. Relativo a las propiedades de un alimento percibidas por los órganos sensoriales y que, en buena medida, condicionan su aceptación.

Placebo. Sustancia que carece de acción terapéutica, pero que produce un efecto psicológico curativo en la persona que la recibe.

Precursor. En el contexto de los procesos del metabolismo celular, es la sustancia de la cual proviene un determinado metabolito derivado por modificaciones químicas.

Virus. Parásito no celular, relativamente sencillo, que sólo puede reproducirse dentro de una célula viva compatible. La mayoría de ellos están compuestos de una sola copia del material genético, ya sea ARN o ADN con una cubierta de una o varias proteínas denominada cápside. Como los virus sólo pueden reproducirse controlando la maquinaria molecular de la célula que invaden (y a veces permaneciendo como ADN parásito), su origen es incierto.

Virus del mosaico de la coliflor (CaMV). Virus que afecta a las plantas de coliflor dando un aspecto jaspeado verde y amarillo. De su ADN se ha tomado un pequeño fragmento de uno de sus genes, que se denomina "promotor" y que, en los vegetales, funciona muy bien para controlar la expresión de genes insertados (transgenes) por técnicas moleculares.

Lecturas recomendadas

Ackerman, Jennifer. *Alimentos. ¿Son seguros?* (pp. 2-23) y *Alimentos. ¿Están alterados?* (pp. 24-37), en National Geographic en español, Televisa, México, mayo de 2002.

• Revisión actualizada y breve, con esquemas y fotografías muy ilustrativas, sobre la seguridad en el manejo de los alimentos, desde sus técnicas de producción, almacenamiento, procesamiento y preparación.

Balbás D-B., Paulina. *De la biología molecular a la biotecnología*, Trillas, México, 2002.

• Texto accesible para conocer las conexiones entre ideas y procesos que hacen posible la aplicación del conocimiento científico en la agricultura, la salud y el medio ambiente.

Chávez Arredondo, Nemesio. *Evolución: el río de la vida* (Col. Viaje al centro de la ciencia, núm. 15), ADN Editores / Consejo Nacional para la Cultura y las Artes, México, 1999. 111 pp.

• Libro de divulgación que, en una secuencia casi lineal, nos va explicando los principales elementos, ejemplos y controversias actuales respecto de la teoría evolutiva por selección natural; uno de esos ejemplos son el maíz y el teocintle.

García Fernández, Horacio. *Biotecnología: la lámpara de Aladino* (Col. Viaje al centro de la ciencia, núm. 2), ADN Editores / Consejo Nacional para la Cultura y las Artes, México, 1994. 109 pp.

• Visión panorámica aunque sugestiva y accesible de la presencia de la biotecnología en los más importantes ámbitos de la actividad humana.

Garciarrubio G., Alejandro. *El genoma humano* (Col. Viaje al centro de la ciencia, núm. 20). ADN Editores / Consejo Nacional para la Cultura y las Artes, México, 2002.

• Explicación directa de los antecedentes, procedimientos e implicaciones más relevantes de la que se ha considerado, junto con la energía nuclear y los viajes espaciales, uno de los logros científicos más significativos del siglo pasado.

Grace, Eric S. *La biotecnología al desnudo. Promesas y realidades* (Col. Argumentos, 205), Anagrama, Barcelona, 1997. 299 pp.

• Revisión tipo periodística y de muy buen nivel, de los principales aspectos científicos, históricos, socioeconómicos para entender el impacto de la biotecnología en nuestros días.

Levine, Joseph y David Susuki. *El secreto de la vida* (Col. Letras de ciencia, núm. 3), Dirección General de Divulgación de la Ciencia-UNAM/Sociedad Mexicana de Biotecnología y Bioingeniería, México, 2000. 344 pp.

• Lectura amena y actualizada sobre la gran capacidad humana para entender y modificar los componentes esenciales de los seres vivos. Este contenido se difundió también en una famosa serie de televisión.

López-Munguía C., Agustín. *Alimentos: del tianguis al supermercado* (Col. Viaje al centro de la ciencia, núm. 3), ADN Editores/Consejo Nacional para la Cultura y las Artes, México, 1994. 151 pp.

• Recorrido novelado y de fuerte sabor local que revisa y confronta los conocimientos y contribuciones prehispánicas y actuales en la conformación de nuestra dieta y hábitos alimentarios.

López-Munguía C., Agustín. *La biotecnología* (Col. Tercer milenio), Consejo Nacional para la Cultura y las Artes, México, 2000. 64 pp.

• Libro breve y elegante que ilustra a base de secciones cortas y claras los distintos ámbitos de la investigación y la aplicación del conocimiento biológico en áreas de alimentos, industria, medicina, conservación del ambiente, etcétera.

Soberón Mainero, F. Xavier. *La ingeniería genética, la nueva biotecnología y la era genómica* (Col. La ciencia para todos), 3a. ed., Fondo de Cultura Económica, México, 2002.

• Libro de amplia difusión que revisa, de forma precisa y ordenada, generalidades y detalles de la ciencia y la tecnología de los genes, las proteínas y las células, para comprender la base de novedosos procesos productivos cuyas ventajas y riesgos apenas empezamos a ver y que aún se discuten.

www.ingramcontent.com/pod-product-compliance
Lightning Source LLC
Chambersburg PA
CBHW061248120726
48001CB00001B/210